数据库原理及应用教程

主　编　翟岁兵　郝建军　程红英

副主编　甘　霖　党小娟

科 学 出 版 社

北 京

内 容 简 介

　　本书以目前数据库中使用最广泛的 T-SQL 语言为载体，以 SQL Server 2005 软件为数据库开发软件，详细全面地研究和讲解了数据库中的基本原理与基本应用，注重学生对基本原理、基本概念、基本操作技能的掌握和理解。全书共分两大部分：基本理论部分和实训操作部分。第 1~10 章为基本理论，主要包括数据库系统概述、数据模型与数据库的结构、关系数据库的基本概念、SQL 语言、视图与索引、数据库的设计、数据库编程、数据库安全性、大数据技术等。第 11 章为实训操作部分，主要从数据库的创建、数据库对象的基本操作（增、删、改、查询）、数据库的维护与使用三大环节入手设计实训操作内容。体现了理论联系实践，为学生对数据库的应用打下基础。本书概念准确、论述严谨、内容新颖，既突出基本原理和基本概念的阐述，又体现出数据库的基本应用和操作，同时力图反映数据库的一些最新技术。

　　本书可供计算机类专业和经济管理类专业使用，对从事数据库相关工作的技术人员也有参考价值。

图书在版编目（CIP）数据

数据库原理及应用教程 / 翟岁兵，郝建军，程红英主编. —北京：科学出版社，2018.2

ISBN 978-7-03-056046-9

Ⅰ．①数⋯　Ⅱ．①翟⋯　②郝⋯　③程⋯　Ⅲ．①关系数据库系统–高等学校–教材　Ⅳ．①TP311.138

中国版本图书馆 CIP 数据核字（2017）第 324965 号

责任编辑：方小丽 / 责任校对：彭　涛
责任印制：赵　博 / 封面设计：蓝正设计

科　学　出　版　社 出版
北京东黄城根北街 16 号
邮政编码：100717
http://www.sciencep.com

天津市新科印刷有限公司 印刷
科学出版社发行　各地新华书店经销

*

2018 年 2 月第　一　版　开本：787×1 092　1/16
2024 年 1 月第四次印刷　印张：12 1/4
字数：290 000

定价：**42.00 元**

（如有印装质量问题，我社负责调换）

前　　言

数据库技术从诞生到现在，已经逐步形成了坚实的理论基础、成熟的商业产品和广泛的应用领域，使得数据库成为一个研究者众多且被广泛关注的研究领域。

本书在介绍数据库原理理论概念的基础上，将理论与实际相结合，力求使读者通过本书的学习，能够掌握数据库系统的基本原理，熟悉数据库开发的过程，会创建数据库并对数据库中的对象进行增加、删除、修改等操作，特别是能够熟练应用数据库系统。本书不仅适合计算机专业，同时也适合经济管理类专业学生学习使用。本书共分两大部分，即理论基础部分和实验实训部分。学生通过理论基础部分的学习，掌握扎实的基础知识；通过实验实训部分的学习，掌握基本操作技能，以此来培养和提高学生的数据库开发能力与水平。

本书共 11 章，1～10 章为理论基础部分，第 11 章为实验实训部分。1～10 章每章都有配套习题，以加强学生对所学知识的理解，及时掌握重点和难点。本书结合数据库设计的过程，在相应的章节中编写了分析设计题，以便学生掌握各章节的知识点。

本书第 1 章由陕西服装工程学院经济管理学院翟岁兵副教授编写；第 2 章、第 3 章、第 4 章、第 5 章、第 9 章、第 11 章由陕西服装工程学院郝建军老师编写；第 6 章由陕西服装工程学院程红英副教授编写；第 8 章由陕西服装工程学院信息工程学院甘霖副院长编写；第 7 章、第 10 章由陕西服装工程学院党小娟老师编写；全书由郝建军老师统稿，翟岁兵副教授负责 1～5 章的审稿工作、程红英副教授负责 6～11 章的审稿工作。本书在编写过程中得到了陕西服装工程学院信息工程学院老师们的大力支持与帮助，陕西服装工程学院教材科贾立珊科长、韩涛老师也提供了很大的帮助，在此一并感谢。

由于编者水平有限，书中难免有不妥之处，恳请广大读者批评指正，特此为谢。

郝建军

2018 年 1 月

目　　录

第1章 绪 论

信息社会发展的今天，数据库已经和我们每个人的生活息息相关，我们在银行存钱，存钱的记录已经写入数据库，买火车票、网上预订图书、网上预订酒店等都需要数据库的支持，因此数据库原理及应用不只是计算机专业学习的课程，也是信息管理类、金融管理类专业的一门必修课程。

本章介绍数据库系统的基本概念，包括数据管理技术的发展过程、数据库系统的组成部分等。通过本章的学习，读者应该了解为什么要学习数据库以及数据库技术的重要性。本章是学习后续各章节的基础。

1.1 数据库系统概述

在系统地介绍数据库之前，我们先学习几个基本概念。

1. 数据

数据（data）是数据库中存储的基本对象。数据在多数人大脑中的第一反应就是数字，如 1、2、1000、99.5、736 等。其实数字只是最简单的一种数据，是数据的一种传统和狭义的理解。广义的数据是指描述事物的符号记录，包括声音、文字、图像、某些符号等多种表现形式。

数据的表现形式并不一定能完全表达其内容，有些还需要经过解释才能明确其表达的含义，如 20，当解释其代表人的年龄时就是 20 岁；当解释其代表商品价格时，就是 20 元。因此，数据和数据的解释是不可分的。数据的解释是对数据演绎的说明，数据的含义称为数据的语义。因此数据和数据的语义是不可分割的。

在日常生活中，人们一般直接用自然语言来描述事物，如描述一门课程的信息：数据库基础，4 个学分，第四学期开课，但在计算机中经常这样描述：（数据库基础，4，4）即把课程名、学分、开课学期信息组织在一起，形成一个记录，这个记录就是描述课程的数据。这样的数据是有结构的。记录是计算机表示和存储数据的一种格式或方法。

2. 数据库

数据库（data base，DB），顾名思义，就是存放数据的仓库，只是这个仓库是存储在计算机存储设备上的，而且是按照一定格式存储的。

人们在收集并抽取出一个应用所需要的大量数据后，就希望将这些数据保存起来，以供进一步从中得到有价值的信息，并进行相应的加工处理。在科学技术飞速发展的今天，人们对数据的需求越来越多，数据量也越来越大。最早人们把数据存放在文件柜里，现在人们可以借助计算机和数据库技术来科学地保存与管理大量复杂的数据，以便方便而充分地利用宝贵的数据资源。

严格地讲，数据库是长期存储在计算机中的有组织的、可共享的大量数据集合。数据库中的数据按一定的数据模型组织、描述和存储，具有较小的数据冗余、较高的数据独立性和易扩展性，并可为多种用户共享。

概括起来，数据库中的数据具有永久存储、有组织和可共享三个基本特点。

3. 数据库管理系统

数据库管理系统（data base management system，DBMS）是位于应用开发工具与操作系统之间的一层数据管理软件，如图 1-1 所示。数据库管理系统和操作系统都是计算机的基础软件，也是一个大型复杂的软件系统。它的主要功能包括以下几个方面。

图 1-1　数据库管理系统在计算机中的位置

1）数据定义功能

数据库管理系统提供数据定义语言（data definition language，DDL），用户通过它可以方便地对数据库中的数据对象的组成与结构进行定义。

2）数据组织、存储和管理

数据库管理系统要分类组织、存储和管理各种数据，包括数据字典、用户数据、数据的存取路径等。要确定以何种文件结构和存取方式在存储级上组织这些数据，如何实现数据之间的联系。数据组织和存储的基本目标是提高存储空间利用率和方便存取，提供多种存取方法来提高存取效率。

3）数据库的建立与维护功能

数据库的建立与维护功能包括创建数据库、对数据库空间的维护、数据库的转储与恢复功能、数据库的重组功能、数据库的性能监视与调整功能等。这些功能通常是通过一些实用程序或者管理工具实现的。

4）数据操纵功能

数据操纵功能包括对数据库数据的查询、插入、删除和更改操作。这些操作一般通过数据库管理系统提供的数据操作语言（data manipulation language，DML）来实现。

5）事务的管理和运行功能

数据库中的数据是可以供多个用户同时使用的共享数据，为保证数据能够安全、可靠地运行，数据库管理系统提供了事务管理功能。这些功能保证数据能够并发使用并且不会产生相互干扰的情况，而且在数据库发生故障时能够对数据库进行正确恢复。

6）其他功能

其他功能包括与其他软件的网络通信功能、不同数据库管理系统间的数据传输以及互访问功能等。

4. 数据库系统

数据库系统（data base system，DBS）是指在计算机中引入数据库后的系统，一般由数据库、数据库管理系统、应用程序、数据库管理员组成。为保证数据库中的数据能够正常、高效地运行，除了数据库管理软件以外，还需要一个专门人员来对数据库进行维护，这个专门的维护人员就是数据库管理员（data base administrator，DBA）。

通常情况下，我们把数据库系统简称数据库。

1.2 数据库管理技术的发展

数据库技术是应数据管理任务的需要而产生的。数据管理是指对数据进行分类、组织、编码、存储、检索和维护，它是数据处理的中心问题。而数据的处理是指对各种数据进行收集、存储、加工和传播的一系列活动的总和。

在应用需求的帮助下，以及计算机硬件、软件发展的基础上，数据库管理技术经历了人工管理、文件系统、数据库系统三个阶段。

1. 人工管理阶段

20 世纪 50 年代中期以前，计算机主要用于科学计算。当时的硬件状况是，外存只有纸带、卡片、磁带，没有磁盘等直接存取的存储设备；软件情况是，没有操作系统，没有管理数据的专门软件；数据处理方式是批处理。人工管理数据具有如下特点。

1）数据不保存

由于当时计算机主要用于科学计算，一般不需要将数据长期保存，只是在进行计算时才将数据输入，用完就撤走。

2）应用程序管理数据

数据需要由应用程序自己设计、说明（定义）和管理，没有相应的软件系统负责数据的管理工作。应用程序不但要规定数据的逻辑结构，而且要设计物理结构，包括存储结构、存取方法、输入方式等。因此程序员的负担很重。

3）数据不具有独立性

数据的逻辑结构或物理结构发生变化后，必须对应用程序做相应的修改，数据完全依赖于应用程序，即数据缺乏独立性，这就加重了程序员的负担。

4）数据不共享

数据是面向应用程序的，一组数据只能对应一个程序。当多个应用程序涉及某些相同的数据时必须各自定义，无法相互利用、相互参照，因此程序与程序之间有大量的冗余数据。

人工管理阶段，应用程序与数据之间的一一对应关系可用图 1-2 表示。

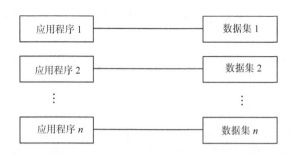

图 1-2　人工管理阶段应用程序与数据之间的一一对应关系

2. 文件系统阶段

20 世纪 50 年代后期到 60 年代中期，计算机硬件方面已有了磁盘、磁鼓等直接存取存储设备；软件方面，操作系统中已经有了专门的数据库管理软件，一般称为文件系统；处理方式包括批处理和联机实时处理。

文件系统管理数据具有如下特点。

1）数据可以长期保存

由于计算机大量用于数据处理，数据需要长期保留在外存上反复进行查询、修改、插入和删除等操作。

2）由文件系统管理数据

由专门的软件即文件系统进行数据管理，文件系统把数据组织成相互独立的数据文件，利用"按文件名访问，按记录进行存取"的管理技术，提供了对文件进行打开与关闭、对记录读取和写入等存取方式。文件系统实现了记录内容的结构性。但是，文件系统仍然存在以下缺点。

（1）数据共享性差，冗余度大。在文件系统中，一个（或一组）文件基本上对应于一个应用程序，即文件仍然是面向应用的。当不同的应用程序具有部分相同的数据时，也必须建立各自的文件，而不能共享相同的数据，因此数据的冗余度大，浪费存储空间。同时由于相同数据的重复存储、各自管理，容易造成数据不一致性，给数据的修改和维护带来了困难。

（2）数据独立性差。文件系统中的文件是为某一特定应用服务的，文件的逻辑结构是针对具体的应用来设计和优化的，因此要想对文件中的数据再增加一些新的应用会很困难。而且，数据的逻辑结构改变时，应用程序中文件结构的定义必须修改，应用程序中对数据的使用也要改变，因此数据依赖于应用程序，缺乏独立性。可见，文件系统仍然是一个不具有弹性的无整体结构的数据集合，即文件之间是孤立的，不能反映现实世界事物之间的内在联系。

3. 数据库系统阶段

20 世纪 60 年代后期以来，计算机管理的对象规模越来越大，应用范围也越来越广泛，数据量急剧增长，同时多种应用、多种语言互相覆盖地共享数据集合的要求越来越强烈。

这时已有大容量的硬盘，其价格逐渐下降，软件价格逐渐上升。为编制和维护系统软件及应用程序所需要的成本相对增加；在处理方式上，联机实时处理要求增多，并开始提出和考虑分布式处理。在这种情景下，出现了数据库管理系统。

用数据库系统来管理数据的专门软件系统称为数据库管理系统。

与人工管理、文件系统管理数据相比，数据库系统管理数据的特点主要表现在以下几方面。

1）数据结构化

数据库系统实现整体数据的结构化，是数据库的主要特征之一，也是数据库系统与文件系统的本质区别。

在文件系统中，文件中的记录内部具有结构，但是记录的结构和记录之间的联系被固化在程序中，需要程序员加以维护。这种工作模式既加重了程序员的负担，又不利于结构的变动。

所谓整体结构化是指数据库中的数据不再仅仅针对某一个应用，而是面向整个组织或企业；不仅数据内部是结构化的，而且整体是结构化的，数据之间是具有联系的。也就是说不仅要考虑某个应用程序的数据结构，还要考虑整个组织的数据结构。

2）数据的共享性高、冗余度低且易扩充

数据库系统从整体角度看待和描述数据，数据不再面向某个应用而是面向整个系统，因此数据可以被多个用户、多个角度共享使用。数据共享可以大大减少数据冗余，节约存储空间。数据共享还能够避免数据之间的不相容性与不一致性。

所谓数据的不一致性是指同一数据不同副本的值不一样。采用人工管理或者文件系统管理时，由于数据被重复存储，当不同的应用使用和修改不同的副本时就很容易造成数据的不一致。在数据库中数据共享减少了由于数据冗余造成的不一致现象。

由于数据面向整个系统，是有结构的数据，不仅可以被多个应用共享使用，而且容易增加新的应用，这就使得数据库系统弹性大、易于扩充，可以适合各种用户需求。可以选取整体数据的各种子集用于不同的应用系统，当应用需求改变或增加时，只要重新选取不同的子集或加上一部分数据便可满足新的需求。

3）数据独立性高

数据独立性是借助数据库管理数据的一个显著优点，它已成为数据库领域中的一个常用术语和重要概念，其包括数据的物理独立性和逻辑独立性。

物理独立性是指用户的应用程序与数据库中的数据的物理存储是相互独立的。也就是说，数据在数据库中怎样存储是由数据库管理系统管理的，用户程序不需要了解，应用程序要处理的只是数据的逻辑结构，这样当数据的物理层存储改变时应用程序不用改变。

逻辑独立性是指用户的应用程序与数据库的逻辑结构是相互独立的。也就是说，数据的逻辑结构改变时用户程序可以不改变。

数据与程序的独立把数据的定义从程序中分离出去，加上存取数据的方法又由数据库管理系统负责提供，从而简化了应用程序的编制，大大减少了应用程序的维护和修改。

4）数据由数据库管理系统统一管理和控制

数据库的共享将会带来数据库的安全隐患，而数据同时存取数据库的共享是并发的共享，即多个用户可以同时访问数据库中的数据，甚至可以同时存取数据库中的同一个数据，这又会带来不同用户之间的相互干扰。另外，数据库中的数据正确性与一致性也必须得到保障。为此数据库管理系统还必须提供以下几方面的数据控制功能。

（1）数据的安全性保护。数据的安全性是指保护数据以防止不合法使用造成的数据泄露和破坏。每个用户只能按规定对某些数据进行使用和处理。

（2）数据的完整性检查。数据的完整性是指数据的正确性、有效性和相容性。完整性检查将数据控制在有效的范围内，并保证数据之间满足一定的关系。

（3）并发控制。当多个用户的并发进程同时存取、修改时，可能使数据库发生干扰而得到错误的结果或使得数据库的完整性遭到破坏，因此必须对多用户的并发操作加以控制和协调。

（4）数据库恢复。计算机的硬件、软件故障以及操作人员的失误及故意破坏也会影响数据库中数据的正确性，甚至造成数据库部分数据或全部数据丢失。数据库必须具有能够从错误状态恢复到某一正确状态的功能，这就是数据库的恢复功能。

综上所述，数据库是长期存储在计算机内有组织、大量、共享的数据集合。它可以供各种用户共享，具有最小冗余度和较高的数据独立性。数据库管理系统在数据库建立、运用和维护时对数据库进行统一控制，以保证数据的完整性和安全性，并在多用户同时使用数据库时进行并发控制，在发生故障后对数据库进行恢复。

目前数据库中的数据已经非常庞大，我们处于一个大数据时代，数据库中的数据已经由原来的 GB 级别上升到 PB 级别，甚至更高，大数据将方便人们的生产生活。

1.3　数据库系统的组成

在本章一开始就介绍了数据库系统的构成，主要由数据库、数据库管理系统、应用程序和数据库管理员构成。数据库是数据的汇集场所，它以一定的组织形式保存在存储介质上；数据库管理系统是管理数据库的系统软件，它可以实现数据库系统的各种功能；应用程序专指访问数据库数据的程序；数据库管理员负责整个数据库系统的正常运行。

任何程序的运行和保存都需要占用硬件资源。下面从硬件、软件和人员三个方面简要介绍数据库系统包含的主要内容。

1. 硬件

由于数据库中的数据量一般比较大，而且 DBMS 具有丰富的功能使得自身的规模也很大（SQL-Server 2008 的完全安装需要大致 2 GB 的硬盘空间，需要至少 512 MB 的内存空间），因此整个数据库系统对硬件资源的要求很高。必须具有足够的内存及硬盘空间，以确保能够顺利运行。

2. 软件

数据库系统的软件主要包括以下内容。

（1）数据库管理系统。数据库管理系统是整个数据库系统的核心，是建立、使用和维护数据库的系统软件。

（2）支持数据库管理系统运行的操作系统。数据库管理系统中的很多底层操作是靠操作系统完成的，数据库中的安全控制等功能通常也是与操作系统共同实现的。因此，数据库管理系统要和操作系统协同工作来完成很多功能。不同的数据库管理系统需要的操作系统平台也不尽相同,如 SQL-Server 只支持 Windows 操作系统,而 Oracle 支持 Windows 和 Linux 不同的平台。

(3)以数据库管理系统为核心的实用工具。这些实用工具一般是数据库厂商提供的随数据库管理系统软件一起发行的。

3. 人员

数据库系统中包含的人员主要有数据库管理员、系统分析人员、数据库设计人员、应用程序编写人员和最终用户。

(1)数据库管理员负责维护整个系统的正常运行,保证数据库的安全可靠。

(2)系统分析人员主要负责应用系统的需求分析和规范说明,这些人员要和最终用户以及数据库管理员配合,以确定系统软件、硬件配置,并参与数据库应用系统的概要设计。

(3)数据库设计人员主要负责确定数据库数据,设计数据库结构等。数据库设计人员也必须参与用户需求调查和系统分析。很多情况下,数据库设计人员由数据库管理员担任。

(4)应用程序编写人员负责设计和编写访问数据库的应用系统的程序,并对程序进行调试和安装。

(5)最终用户是数据库应用程序的使用者,他们是通过应用程序提供的人机交互界面来操作数据库中数据的人员。

1.4 本 章 小 结

本章主要概述了数据、数据库、数据库管理系统、数据库管理员、数据库用户等基本概念,并通过对数据管理技术进展情况的介绍阐述了数据库技术的产生和发展情况,说明了数据库系统的特点,对数据库的构成也进一步做了介绍。学习本章应把注意力放在基本概念的理解上,通过基本概念的理解进而掌握基础知识,为后续章节学习打下坚实的基础。

习 题

一、选择题

1. 下列关于用文件管理数据的说法,错误的是( )。

  A. 用文件管理数据,很难保证应用程序与数据之间的独立性

  B. 当存储系统数据的文件名发生变化时,必须修改访问数据文件的应用程序

  C. 用文件存储数据库的方式,难以实现数据访问的安全机制

  D. 将相关数据存储在一个文件中,有利于用户对数据进行分类,因此可以提高用户操作数据的效率

2. 关于 DBA 说法正确的是（　　　）。

    A. DBA 是数据库程序员　　　　　　　　B. DBA 是数据库管理员

    C. DBA 是数据库中的超级管理员　　　　D. DBA 是数据库的搭建者

3. 数据库管理系统是数据库系统的核心，它负责有效地组织、存储和管理数据，它位于用户和操作系统之间，属于（　　　）。

    A. 系统软件　　　　B. 工具软件　　　　C. 应用软件　　　　D. 数据软件

4. 数据库系统是由若干部分组成的，下列不属于数据库系统组成部分的是（　　　）。

    A. 数据库　　　　B. 操作系统　　　　C. 应用程序　　　　D. 数据库管理系统

5. 下列关于数据库技术的描述，错误的是（　　　）。

    A. 数据库中不但需要保存数据，而且还需要保存数据之间的关联关系

    B. 数据库中的数据具有较小的数据冗余

    C. 数据库中数据存储结构的变化不会影响到应用程序

    D. 由于数据库是存储在硬盘上的，因此用户在访问数据库时需要知道其存储位置

6. 下列说法中，不属于数据库管理系统特征的是（　　　）。

    A. 程序和数据独立

    B. 所有的数据库作为一个整体考虑，因此是相互关联的数据集合

    C. 用户访问数据库时，需要知道存储数据的文件的物理信息

    D. 能够保证数据库数据的可靠性，即使在存储数据的硬盘出现故障时，也能防止数据丢失

7. 在数据库系统中，数据库管理系统和操作系统之间的关系是（　　　）。

    A. 相互调用　　　　　　　　　　　　　　B. 数据库管理系统调用操作系统

    C. 操作系统调用数据库管理系统　　　　D. 并发运行

8. 下列是数据库管理系统的是（　　　）。

    A. DBA　　　　　　　　　　　　　　　　B. SQL Server 2008

    C. 图书管理系统　　　　　　　　　　　　D. 网站

9. 数据库独立性是指（　　　）。

    A. 不会因为数据的变化而影响程序

    B. 数据库的开发不必考虑硬件及软件问题

    C. 指硬件独立性

    D. 以上说法都不正确

10. 数据库系统是由若干部分组成的，下列对 DBS 的中文解释正确的是（　　　）。

    A. 数据库　　　　B. 操作系统　　　　C. 应用程序　　　　D. 数据库管理系统

二、填空题

1. 数据库管理技术的发展主要经历了人工管理阶段、_____和_____三个阶段。

2. 在利用数据库技术管理数据时，所有的数据都被_____统一管理。

3. 数据库管理系统提供两个数据独立性是_____独立性和_____独立性。

4. 数据库系统能够保证进入数据库中的数据都是正确的数据，该特征称为_____。

5. 在客户机/服务器模式中，数据的处理是在_____端完成的。

6. 数据库系统就是基于数据库的计算机应用系统，它主要由_____、_____和_____三部分组成。

7. 与用数据库技术管理数据相比，文件管理系统的数据共享性_____，数据独立性_____。

8. 在数据库技术中，当表达现实世界信息的信息内容发生变化时，可以保证不影响应用程序，这个特性称为_____。

9. DBA 是_____，职责是_____。

10. 数据冗余是指_____。

三、简答题

1. 简述数据、数据库、数据库管理系统、数据库系统的基本概念。

2. 简述使用数据库系统有什么好处。

3. 试述数据库系统的特点。

4. 数据库管理系统的功能有哪些？

5. 简述数据库系统的构成。

6. 数据库技术的发展主要经历了哪几个阶段？

7. 与文件管理相比，数据库管理有哪些优点？

8. 说明 DB、DBMS、DBS、DBA 之间的关系与区别。

9. 数据的独立性是指什么？

10. 简要说明数据库技术的应用情况。

第 2 章　数据模型与数据库结构

本章将介绍数据库技术实现程序和数据相互独立的基本原理，即数据库的结构。在介绍数据库结构之前，先介绍数据模型的一些基本概念。本章的内容是理解数据库技术的关键。

2.1　数据和数据模型

现实世界的数据是散乱无章的，散乱的数据不利于人们对其进行有效的管理和处理，特别是海量数据。因此，必须把现实世界的数据按照一定的格式组织起来，以方便对其进行操作和使用，数据库技术也不例外，在用数据库技术管理数据时，数据就被按照一定的格式组织起来，如二维表结构或层次结构，以使数据库能够被更高效地管理和处理。本节主要介绍数据及数据模型的知识。

2.1.1　数据与信息

在第 1 章中已经学习了数据的基本概念，懂得数据是数据库中存储的基本对象。为了了解世界、研究世界和交流信息，人们需要描述各种事物。用自然语言描述虽然很直接，但是过于繁杂，不便于形式化，而且也不便于用计算机来表达。为此，人们常常只抽取那些感兴趣的事物特征或属性来描述事物。例如，一名教师可以用信息（张三，021，男，信息工程学院，计算机专业，教授，1965 年 9 月）描述，这样的一行数据称为一条记录。单看这行数据不一定能准确知道其含义，应对其进行解释：张三，教工号为：021，性别为男，信息工程学院教师，计算机专业教师，职称为教授，出生年月为 1965 年 9 月，这样其内容就确定了。我们将描述事物的符号称为数据，将从数据中获得的有意义的内容称为信息。数据有一定的格式，如姓名长度在中国不超过 4 个汉字的字符形式，性别只能是男或者女，为两个字符。这些规定是数据的语法，而数据的含义是数据的语义。因此，数据是信息的一种存在形式，只有通过解释或者处理才能得到有用的信息。信息一定是对人们有用的，能给人们传递一种信号。

一般来说，数据库中的数据具有静态和动态两个特征。

1. 静态特征

数据的静态特征包括数据的基本结构、数据间的联系及对数据取值范围的约束。例如，学生数据库中的学生表和成绩表，学生表中学生的学号和成绩表中学生的学号应该是数据类型相同，长度也相同，这样才能对应起来，一个变化自然会引起另外一个变化。学生表中的每一行，都是一个完整的结构，这就是数据库的基本结构。约束为一些取值范围设置限制，如学生成绩，一般只能在 1～100 内取值，这就是约束，学生的性别只能取"男"或者"女"，这就是约束。约束主要是对数据库中数据进行限制，目的是确保数据的正确性，确保数据都是正确有意义的数据。

2. 动态特征

数据的动态特征是指对数据可以进行的操作以及操作规则。对数据库中数据的操作主要有查询和更改数据，更改数据一般包括插入、删除和更新。

一般对数据的静态特征和动态特征的描述称为数据模型三要素，即在描述数据时要包括数据的基本结构、数据的约束条件和定义在数据上的操作三方面。

2.1.2　数据模型

数据库技术是计算机领域中发展最快的技术之一。数据库技术的发展是沿着数据模型的主线推进的。模型，特别是具体模型对人们来说并不陌生。一张地图、一组建筑设计沙盘、一架飞机模型都是具体的模型。一眼看上去就能让人联想到真实生活中的事物。模型是对现实世界中某个对象特征的模拟和抽象。

数据模型也是一种模型，它是对现实世界数据特征的抽象。也就是说数据模型是用来描述数据、组织数据和对数据进行操作的。

由于计算机不可能直接处理现实世界中的具体事物，所以人们必须事先把具体的事物转换成计算机能够处理的数据，也就是我们说的数字化。

现有的数据库系统均是基于某种数据模型的，数据模型是数据库系统的核心和基础。因此，了解数据模型的基本概念是学习数据库的基础。

在数据库领域中，数据模型用于表达现实世界中的对象，即将现实世界中杂乱的信息用一种规范的、易于处理的方式表达出来。而且这种数据模型既要面向现实世界又要面向机器世界，因此数据模型应满足三方面要求：第一，能比较真实地模拟现实世界；第二，容易为人所理解；第三，便于在计算机上实现。一种数据模型要全面地满足这三个要求，目前还是比较困难的，因此数据库中针对不同的数据库对象选用不同的数据模型。

根据模型应用的目的不同，可以将这些数据模型划分为两大类，分别属于两个不同的层次：第一类是概念模型；第二类是逻辑模型和物理模型。

第一类概念模型，也称信息模型，它是按用户的观点来对数据和信息建模，主要用于数据库设计。

第二类中的逻辑模型主要包括层次模型、网状模型、关系模型、面向对象模型和对象关系模型、半结构化模型等。它是按计算机系统的观点对数据建模，主要用于数据库管理系统的实现。而物理模型是对数据最低层的抽象，它描述数据在系统内部的表示方式和存取方法，是面向计算机系统的。数据库设计人员要选择和了解具体的物理模型，最终用户则不必考虑物理级的细节。

数据模型是数据库系统的核心和基础。各种机器上实现的数据库管理系统软件都是基于某种数据模型或者说是支持某种数据模型的。

为了把现实世界中的具体事物抽象、组织为某一数据库管理系统支持的数据模型，人们常常首先将现实世界抽象为信息世界，然后将信息世界转换为机器世界。也就是说，首先把现实世界中的客观对象抽象为某一种信息结构，这种信息结构并不依赖于具体的计算机系统，不是某一数据库管理系统支持的数据模型，而是概念级的模型，然后把概念模型转换为计算机中某一数据库管理系统支持的数据模型，如图 2-1 所示。

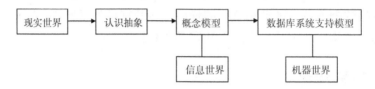

图 2-1　现实世界中客观对象的抽象过程

从现实世界到概念模型的转换是由数据库设计人员完成的；从概念模型到逻辑模型的转换可以由数据库设计人员完成，也可以由数据库设计工具协助设计人员完成；从逻辑模型到物理模型的转换主要是由数据库管理系统完成的。

2.2　概　念　模　型

由图 2-1 可以看出，概念模型实际上是现实世界到机器世界的一个中间层次。

概念模型用于信息世界的建模，是现实世界到信息世界的第一层抽象，是数据库设计人员进行数据库设计的有力工具，也是数据库设计人员和用户之间进行交流的语言，因此概念模型一方面应该具有较强的语义表达能力，能够方便、直接地表达应用中的各种语义知识；另一方面它还应该简单、清晰、易于理解。

2.2.1　信息世界中的基本概念

信息世界中涉及的几个基本概念如下。

1. 实体

客观存在并可相互区别的事物称为实体（entity）。实体可以是具体的人、事、物，也可以是抽象的概念或联系。一个人是一个实体，一张桌子是一个实体，一本书是一个实体。听讲是一个实体，教学是一个实体、教师与学生的关系是一个实体，学生与课程之间的关系也是一个实体。

2. 属性

实体所具有的某一特性称为属性（attribute）。一个实体可以由若干个属性来刻画。例如，一个人的姓名、身份证号、性别、籍贯、出生年月、身高等都是这个人的属性。属性组合（张山，612522199008030506，男，陕西西安，1990-8-3，170）即表征一个人。

3. 码

唯一能标识实体的属性或属性集称为码（key）。例如，身份证号就是人这个实体的码，学号是学生实体的码。

4. 实体型

具有相同属性的实体必然具有共同的特征和性质。同类实体的集合称为实体型（entity type），一般用实体名及其属性名集合来抽象和刻画同类实体。例如，学生（学号，姓名，性别，出生年月，入学时间）就是一个实体型。

5. 实体集

同一类型实体的集合称为实体集（entity set）。例如，全体学生就构成一个实体集。

6. 联系

在现实世界中，事物内部以及事物之间是有联系的，这些联系（relationship）在信息世界中反映为实体（型）内部的联系和实体（型）之间的联系。实体内部的联系通常是指组成实体的各属性之间的联系，实体之间的联系通常是指不同实体集之间的联系。

实体之间的联系通常有三种：一对一联系、一对多联系和多对多联系。

（1）一对一联系（1:1）。如果实体 A 中的每个实体在实体 B 中至多有一个（也可以没有）实体与之关联，反之亦然，则称实体 A 与实体 B 具有一对一联系，记作 1:1。

例如，一个学校的正校长与学校就是一对一的关系，一个学校有一个正校长，一个正校长只能在一个学校任职。

（2）一对多联系（1:n）。如果实体 A 中的每个实体在实体 B 中有 n（$n \geq 0$）个实体与之关联，而实体 B 中的每个实体在实体 A 中最多有一个实体与之关联，则称实体 A 与实体 B 是一对多联系，记作 1:n。

（3）多对多联系（$m:n$）。如果实体 A 中的每个实体在实体 B 中有 n（$n \geq 0$）个实体与之关联，而实体 B 中的每个实体在实体 A 中也有 m（$m \geq 0$）个实体与之关联，则称实体 A 与实体 B 是多对多联系，记作 $m:n$。

7. 概念模型的一种表示方法：实体-联系方法

概念模型是对信息世界建模，所以概念模型应该能够方便、准确地表示出上述信息世界中的常用概念。概念模型的表示方法很多，其中最为常用的是 P. P. S. Chen 于 1976 年提出的实体-联系方法（entity-relationship approach），简称为 E-R 法或者 E-R 模型。

有关如何认识和分析现实世界，建立概念模型，画出 E-R 图将在后续章节中详细介绍。

2.2.2 数据模型的组成要素

一般来说，数据模型是严格定义的一组概念集合。这些集合精确描述了系统的静态性、动态性和完整性约束条件。因此数据模型通常由数据结构、数据操作和数据的完整性约束条件三部分组成。

1. 数据结构

数据结构描述数据库的组成对象以及对象之间的联系。也就是说，数据结构描述的内容有两类：一类是与对象的类型、内容、性质有关的，如网状模型中的数据项、记录，关系模型中的域、属性、关系等；一类是与数据之间联系有关的对象，如网状模型中的系型。

数据结构是刻画一个数据模型性质最重要的方面。因此在数据库系统中，人们通常按照其数据结构的类型来命名数据模型，如层次结构、网状结构、关系结构的数据模型分别命名为层次模型、网状模型、关系模型。

总之，数据结构是所描述的对象类型的集合，是对系统静态特性的描述。

2. 数据操作

数据操作是指对数据库中各种对象（型）的实例（值）允许执行的操作的集合，包括操作及有关的操作规则。

数据库主要有查询和更新（插入、删除、修改等）两大类操作。数据模型必须定义这些操作的确切定义、操作符号、操作规则以及实现操作的语言。

数据操作是对系统动态特性的描述。

3. 数据的完整性约束条件

数据的完整性约束条件是一组完整性规则。完整性规则是给定的数据模型中数据及其联系所具有的制约和依存规则，用以限定符合数据模型的数据库状态以及状态的变化，以保证数据的正确性、有效性和相容性。数据库中的数据应该受到一定的约束限制，这样才能确保数据的正确性和有效性。例如，学生成绩数据库中学生成绩要限制大于等于0 小于等于 100，这样如果录入成绩输入错误，不在 0～100，则成绩就不会写入数据库，这样就确保了数据库中数据的正确性。

2.3　组织层数据模型

组织层数据模型是从数据的组织形式角度来描述信息的。目前，在数据库技术的发展过程中用到的组织层数据模型主要有层次模型、网状模型、关系模型、面向对象的数据模型和对象关系模型。组织层数据模型是按照组织数据的逻辑结构命名的，如层次模型采用树形结构。而且各数据库管理系统也是按其采用的组织层数据模型来分类的，如层次数据库管理系统按层次模型组织数据，而网状数据库管理系统按网状模型组织数据。

1970 年，美国 IBM 公司研究员 E. F. Codd 首次提出了数据库系统的关系模型，开创了关系数据库和关系数据库理论研究，为关系数据库技术奠定了理论基础。关系模型从20 世纪 70～80 年代开始到现在已经发展得非常成熟，本书重点介绍的也是关系模型。

2.3.1　层次模型

层次模型是数据库系统中最早出现的数据模型，层次数据库系统采用层次模型作为数据的组织方式。层次数据库系统的典型代表是 IBM 公司的信息管理系统（information management system，IMS），这是 1986 年 IBM 公司推出的第一个大型商用数据库管理系统，曾经得到广泛的使用。

层次模型用树形结构来表示各类实体以及实体间的联系。现实世界中许多实体之间的联系本来就呈现出一种很自然的层次关系，如行政机构、家族关系等。

1. 层次模型的数据结构

在数据库中定义满足下面两个条件的基本层次联系的集合为层次模型。

（1）有且只有一个节点没有双亲节点，这个节点称为根节点。

（2）根以外的其他节点有且只有一个双亲节点。

在层次模型中，每个节点都表示一个记录类型，记录类型之间的联系用节点之间的连线（有向边）表示，这种联系是父子之间的一对多的联系。这就使得层次数据库系统只能处理一对多的实体-联系。

每个记录类型可包含若干个字段，记录类型描述的是实体，字段描述的实体属性。各个记录类型及字段都必须命名。各个记录类型、同一记录类型中各个字段不能同名。每个记录类型可以订阅一个排序字段，也称为码字段，如果定义该排序字段的值是唯一的，则它能唯一地标识一个记录值。

一个层次模型在理论上可以包含任意有限个记录类型和字段，但任何实际的系统都会因为存储容量或现实复杂度而限制层次模型中包含的记录类型个数和字段的个数。

在层次模型中，同一双亲的子女节点称为兄弟节点，没有子女节点的称为叶子节点，图 2-2 给出了一个层次模型的例子。其中，R1 为根节点；R2 和 R3 为兄弟节点，是 R1 的子女节点；R4 和 R5 为兄弟节点，是 R2 的子女节点；R3、R4 和 R5 为叶子节点。

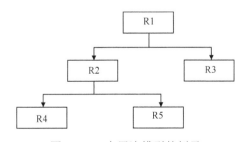

图 2-2　一个层次模型的例子

层次模型的一个基本特点是，任何一个给定的记录值只能按其层次路径查看，没有一个子女记录值能够脱离双亲记录值而独立存在。

图 2-3 为一个层次结构的学院数据模型，该模型有 4 个节点，"学院"是根节点，

由"学院编号""学院名称""办公地点"三项组成。学院节点下由 2 个节点组成，即
"教研室"和"学生"，其中"教研室"由"教研室名称""教研室主任""教研室人
数"组成，"学生"由"学号""姓名""成绩"组成。"教研室主任"下一个节点是
"教师"，由"教师号""教师姓名""职称"组成。

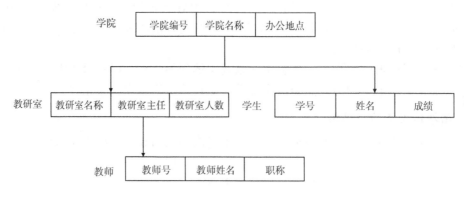

图 2-3　学院的层次数据模型

图 2-4 是图 2-3 数据模型对应的一些值。

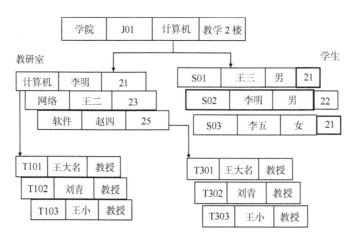

图 2-4　学院层次模型的一个值

层次模型只能表示一对多联系，不能直接表示多对多联系。但如果把多对多联系转
换为一对多联系，又会出现一个子节点有多个父节点的情况，这显然不符合层次模型的
要求。一般常用的解决办法是把一个层次模型分解为两个层次模型。

2. 层次模型的数据操纵与完整性约束

层次模型的数据操纵主要有查询、插入、删除和更新。进行插入、删除、更新操作
时要满足层次模型的完整性约束条件。

进行插入操作时，如果没有相应的双亲节点值就不能插入它的子女节点值。进行删
除操作时，如果删除双亲节点值，则相应的子女节点值也被同时删除。

3. 层次模型的优缺点

层次模型的优点主要有如下方面。

（1）层次模型的数据结构比较简单清晰。

（2）层次数据库的查询效率高。因为层次模型中记录之间的联系用有向边表示，这种联系在 DBMS 中常常用指针来实现。因此这种联系也就是记录之间的存取路径。当要存取某个节点的记录值时，DBMS 就沿着一条路径很快找到该记录值，所以层次数据库的性能优于关系数据库，低于网状数据库。

（3）层次模型提供了良好的完整性支持。

层次模型的缺点主要有如下方面。

（1）现实世界很多联系是非层次性的，如果节点之间具有多对多联系，不适合用层次模型来表示。

（2）如果一个节点具有多个双亲节点等，用层次模型表示这类联系就很笨拙，只能通过引入冗余数据或创建非自然的数据结构来解决。对插入和删除操作的限制比较多，因此应用程序的编写比较复杂。

（3）查询子女节点必须通过双亲节点。

（4）由于结构严密，层次命令趋于程序化。

可见，层次模型对具体一对多的层次联系的部门描述非常自然、直观，容易理解。这是层次数据库的突出优点。

2.3.2　网状模型

在现实世界中事物之间的联系更多的是非层次关系的，用层次模型表示非树形结构是很不直接的，网状模型则可以克服这一弊病。

网状数据库系统采用网状模型作为数据的组织方式。网状模型的典型代表是 DBTG（data base task group，数据库任务组）系统，又称为 ODASYL 系统。这是 20 世纪 70 年代数据系统语言研究会下属的数据库任务组提出的一个系统方案。DBTG 系统虽然不是实际的数据库系统软件，但是它的基本概念、方法、技术具有普遍意义。

1. 网状模型的数据结构

在数据库中，把满足下列条件的基本层次联系的集合称为网状模型。

（1）允许一个以上的节点无双亲。

（2）一个节点可以有多于一个的双亲。

网状模型是一种比层次模型更具有普遍性的结构。它去掉了层次模型的两个限制，允许多个节点没有双亲节点，允许节点有多个双亲节点。此外，它还允许两个节点之间有多种联系。因此网状模型可以更直观地描述现实世界，而层次模型实际上是网状模型的一个特例。

与层次模型一样，网状模型中每个节点表示一个记录类型（实体），每个记录类型可以包含若干个字段，节点间的连线表示记录类型之间一对多的父子联系。

从定义可以看出，层次模型中子女节点与双亲节点的联系是唯一的，而在网状模型中这种联系可以不唯一。因此要为每个联系命名，并指出与该联系有关的双亲记录和子女记录。例如，图 2-5（a）中 R3 有两个双亲记录 R1 和 R2，因此把 R1 与 R3 之间的联系命名为 L1，R2 与 R3 之间的联系命名为 L2。图 2-5（b）、（c）都是网状模型的例子。

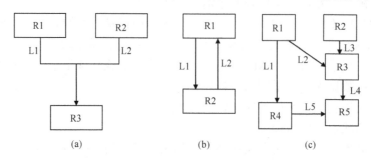

图 2-5　网状模型示例

图 2-6 为网状模型的一个示例，其中包含四个系，S-G 系由学生和选课记录构成，C-G 系由课程和选课记录构成，C-C 系由课程和授课记录构成，T-C 系由教师和授课记录构成。

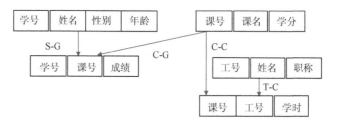

图 2-6　网状模型示例

2. 网状模型的优缺点

网状模型的优点主要有如下方面。

（1）能够更为直观地描述现实世界，如一个节点可以有多个双亲，节点之间可以有多种联系。

（2）具有良好的性能，存取效率较高。

网状模型的缺点主要有如下方面。

（1）结构比较复杂，而且随着应用环境的扩大，数据库的结构变得越来越复杂，不利于最终用户掌握。

（2）网状模型的 DDL 和 DML 复杂，并且要嵌入某一种高级语言中，用户不易掌握。

（3）由于记录之间的联系是通过存取路径实现的，应用程序在访问数据时必须选择适当的存取路径，因此用户必须了解系统结构的细节，加重了编写应用程序的负担。

2.3.3　关系模型

关系模型是目前最重要的一种数据模型。关系数据库系统采用关系模型作为数据的组织方式。

关系模型源于数学，它把数据看成二维表中的元素，而这个二维表在关系数据库中就称为关系。关于关系的详细内容将在后续章节中进行介绍。

1. 关系模型的数据结构

关系模型与以往的模型不同，它是建立在严格的数学概念基础上的。用关系表示实体和实体之间的联系的模型称为关系模型。在关系模型中，实体本身以及实体和实体之间的联系都要用关系来表示，实体之间的联系不再通过指针来实现。下面介绍关系模型中的一些术语。

关系（relation）：一个关系对应通常所说的一张表，更准确地说是二维表。

元组（tuple）：表中的一行即为一个元组。

属性（attribute）：表中的一列为一个属性，给每个属性起一个名称为属性名。

码（key）：也称为码键。表中的某个属性组，它可以唯一确定一个元组。

域（domain）：域是一组具有相同数据类型值的集合。属性的取值范围来自某个域，如人的年龄一般在 1～120 岁，性别的域是（男，女）。

分量：元组中的一个属性值。

关系模式：对关系的描述，一般表示为

关系名（属性 1，属性 2，…，属性 n）

例如，上面的关系可描述为

学生（学号，姓名，年龄，性别，系名，年级）

2. 关系模型的数据操纵与完整性约束

关系模型的数据操纵主要包括查询、插入、删除和更新数据。这些操作必须满足关系的完整性约束条件。关系的完整性约束条件包括三大类：实体完整性、参照完整性和用户定义完整性。其具体内容将在后续章节中介绍。

关系模型中的数据操作是集合操作，操作对象和操作结果都是关系，即若干元组的集合，而不像格式化模型中那样是单记录的操作方式。另外，关系模型把存取路径向用户隐蔽起来，用户只要指出干什么或找什么，不必详细说明"怎么干"或"怎么找"，从而大大提高了数据的独立性，以及用户生产率。

3. 关系模型的优点

关系模型具有下列优点。

（1）关系模型与格式化模型不同，它是建立在严格的数学概念的基础上的。

（2）关系模型的概念单一。无论实体还是实体之间的联系都用关系来表示。对数据的检索和更新结果也是关系（表）。所以其数据结构简单、清晰，用户易懂易用。

（3）关系模型的存取路径对用户透明，从而具有更高的数据独立性、更好的安全保密性，也简化了成员的工作和数据库开发建立工作。

所以关系模型是目前最常用的数据模型。

2.4　数据库系统的结构

考察数据库的结构，可以从不同的层次或不同的角度来进行。

（1）从数据库管理角度看，数据库通常采用三级模式结构。这是数据库管理系统内部的系统结构。

（2）从数据库最终用户角度看，数据库的结构分为集中式结构、文件服务器结构、客户/服务器结构等。这是数据库的外部结构。本节介绍数据库系统的模式结构。

2.4.1　数据库系统模式的概念

在数据模型中有"型"（type）和"值"（value）的概念。型是指对某一类数据的结构和属性的说明，值是型的一个具体赋值。例如，学生成绩记录定义为（学号，课号，成绩）这样的记录型，而（2017001，Jk01，90）则是该记录型的一个记录值。

模式是数据库中全体数据的逻辑结构和特征描述，它仅仅涉及型的描述，不涉及具体的值。模式的一个具体值称为模式的一个实例。同一个模式可以有很多实例。

模式是相对稳定的，而实例是相对变动的，因为数据库中的数据是在不断更新的。模式反映的是数据的结构及其联系，而实例反映的是数据库某一时刻的状态。

虽然实际的数据库管理系统产品种类很多，它们支持不同的数据模型，使用不同的数据库语言，建立在不同的操作系统之上，数据的存储结构也各不相同，但它们在体系结构上通常都具有相同的特征，即采用三级模式结构并提供两级映像功能。

2.4.2　数据库系统的三级模式结构

数据库系统的三级模式结构是指数据库系统是由外模式、模式和内模式三级模式构成的，如图 2-7 所示。

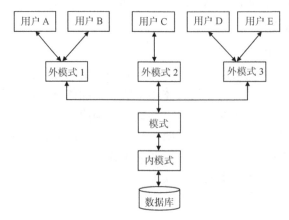

图 2-7　数据库系统的三级模式结构

1. 模式

模式也称逻辑模式，是数据库中全体数据的逻辑结构和特征的描述，是所有用户的公共数据视图。它是数据库系统模式结构的中间层，既不涉及数据的物理存储细节和硬件环境，又与具体的应用程序、所使用的应用开发工具及高级程序设计语言无关。

模式实际上是数据库在逻辑级上的视图。一个数据库只有一个模式。数据库模式以某种数据模型为基础，统一综合地考虑了所有用户的需求，并将这些需求有机地结合成一个逻辑整体。定义模式时不仅要定义数据的逻辑结构，如数据记录由哪些数据项构成，数据项的名字、类型、取值范围等，而且要定义数据之间的联系，定义与数据有关的安全性、完整性要求。

2. 外模式

外模式也称子模式或用户模式，它是数据库用户能够看见和使用的局部数据的逻辑结构和特征的描述，是数据库用户的数据视图，是与某一应用有关的数据的逻辑表示。

外模式通常是模式的子集，一个数据库可以有多个外模式。由于它是各个用户的数据视图，如果不同的用户在应用需求、看待数据的方式、对数据保密的要求等方面存在差异，则其外模式描述就是不同的。即使对模式中同一数据，外模式中的结构、类型、长度、保密级别等都可以不同。另外，同一外模式也可以为某一用户的多个应用系统所使用，但是一个应用程序只能使用一个外模式。

3. 内模式

内模式也称为存储模式，一个数据库只有一个内模式。它是数据物理结构和存储方式的描述，是数据在数据库内部的组织方式。例如，记录的存储方式是堆存储还是按照某个（些）属性值的升（降）序存储，或按照属性值聚簇存储；索引按照什么方式组织，是 B+树索引还是 hash 索引；数据是否压缩存储，是否加密；数据的存储记录结构有何规定，如定长结构或变长结构，一个记录不能跨物理页存储，等等。

2.4.3　模式映像与数据独立性

数据库系统的三级模式是数据的三个抽象级别，它把数据的具体组织留给数据库管理系统管理，使用户能够按照逻辑的顺序访问，而不必关心数据在计算机中的具体表示方式与存储方式。为了能够在系统内部实现这三个抽象层次的联系和转换，数据库管理系统在这三级模式之间提供了两层映像：外模式与模式、模式与内模式。

正是这两层映像保证了数据库系统中的数据能够具有较高的逻辑独立性和物理独立性。

1. 外模式与模式映像

模式描述的是数据的全局逻辑结构，外模式描述的是数据的局部逻辑结构。对应于同一个模式可以有任意多个外模式。对于每一个外模式，数据库系统都有一个外模式与模式映像，它定义了该外模式与模式之间的对应关系。这些映像定义通常包含在各自外模式的描述中。

当模式改变时，由数据库管理员对各个外模式与模式映像做相应改变，可以使外模式保持不变。应用程序是依据数据的外模式编写的，因此不必修改，保证了数据与程序的逻辑独立性，简称数据的逻辑独立性。

2. 模式与内模式映像

数据库中只有一个模式，也只有一个内模式，所以模式与内模式映像是唯一的，它定义了数据全局逻辑结构与存储结构之间的对应关系。例如，说明逻辑记录和字段在内部是如何表示的。该映像定义通常包含在模式描述中。当数据库的存储结构发生改变时，由数据库管理员对模式与内模式映像做相应的改变，可以使模式保持不变，从而应用程序也不必改变。保证了数据与程序的物理独立性，简称数据的物理独立性。

在数据库的三级模式结构中，数据库模式即全局逻辑结构，是数据库的中心与关键，它独立于数据库的其他层次。因此设计数据库模式结构时应首先确定数据库的逻辑模式。

数据与程序之间的独立性使得数据的定义和描述可以从应用程序中分离出去。另外，数据的存取由数据库管理系统管理，从而简化了应用程序的编制，大大减少了应用程序的维护和修改。

2.5　本 章 小 结

本章主要讲述了数据模型是数据库系统的核心和基础，简要地介绍了概念模型、组成数据模型的三个要素和三种主要的数据库模型：层次模型、网状模型、关系模型，在后续章节中将会详细介绍。

本章还介绍了数据库管理系统内部的系统结构。数据库系统三级模式和两层映像的系统结构保证了数据库系统中的数据能够具有较高的逻辑独立性和物理独立性。

学习这一章应把注意力放在掌握基本概念和基本知识两方面，为进一步学习后边的章节打好基础。本章新概念较多，比较抽象，应该做好预习。

习　　题

一、选择题

1. 数据库三级模式结构的划分，有利于（　　　）。
   A. 数据的独立性　　　　　　　　　B. 管理数据库文件
   C. 建立数据库　　　　　　　　　　D. 操作系统管理数据库
2. 在数据库的三级模式中，描述数据库中全体数据的逻辑结构和特征的是（　　　）。
   A. 内模式　　　　　B. 模式　　　　　C. 外模式　　　　　D. 其他
3. 数据库系统数据分为三个模式，从而保证了数据的独立性。下列关于数据逻辑独立性的说法，正确的是（　　　）。
   A. 当内模式发生变化时，模式可以不变
   B. 当内模式发生变化时，应用程序可以不变

C. 当模式发生变化时，应用程序可以不变

D. 当模式发生变化时，内模式可以不变

4. 为最大限度地保证数据库正确性，关系数据库实现了三个完整性约束。下列用于保证实体完整性的是（　　　）。

A. 外码　　　　　　　　　　　　　　B. 主码

C. 取值范围约束　　　　　　　　　　D. 取值不空约束

5. 下列关于内模式说法正确的是（　　　）。

A. 内模式也称为逻辑模式

B. 内模式也称为子模式或用户模式

C. 内模式就是内部模式，指数据库的逻辑特征

D. 内模式又称为存储模式，一个数据库只有一个存储模式

6. 数据模型的三要素是（　　　）。

A. 数据结构、数据对象和数据共享

B. 数据结构、数据操作和数据完整性约束

C. 数据结构、数据操作和数据的安全控制

D. 数据结构、数据操作和数据的可靠性

7. 下列关于实体–联系模型中联系的说法，错误的是（　　　）。

A. 一个联系只与一个实体有关

B. 一个联系可以与两个实体有关

C. 一个联系可以与多个实体有关

D. 一个联系可以不与任何实体有关

8. 下列模式中，用于描述单个用户数据视图的是（　　　）。

A. 内模式　　　　　B. 概念模式　　　　　C. 外模式　　　　　D. 存储模式

9. 下列关于外码的说法正确的是（　　　）。

A. 外码必须与其所引用的主码同名

B. 外码列不允许有空值

C. 外码和所引用的主码名字可以不同，但语义必须相同

D. 外码的取值必须与所引用关系中的主码的某个值相同

10. 下列不属于完整性约束的是（　　　）。

A. 实体完整性　　　　B. 参照完整性　　　　C. 域完整性　　　　D. 数据操作完整性

二、填空题

1. 数据库可以最大限度地保证数据的正确性，这在数据库中被称为_____。

2. 实体–联系模型主要包括 _____、_____和_____三部分内容。

3. 如果实体 A 与实体 B 是一对多联系，则实体 B 中的一个实体最多可以对应实体 A 中的 _____实体。

4. 完整性约束包括_____完整性、_____完整性和_____完整性。

5. 关系模型的组织形式是_____。

6. 数据库系统的_____和_____之间的映像，提供了数据的物理独立性。

7. 数据的逻辑独立性是指当_____变化时可以保持_____不变。

8. 数据模型三要素包括_____、_____和_____。

9. 实体–联系模型属于_____层数据模型。

10. 参照完整性是通过_____保证的。

三、简答题

1. 解释数据模型的概念。

2. 常见的数据模型有哪些？目前最常用的是哪一个？

3. 实体之间的联系有几种？列出一到两个例子说明。

4. 简要叙述实体–联系模型中实体、属性和联系的概念。

5. 数据库包含的三级模式分别是什么？并说明每一级模式的作用。

6. 数据库管理系统提供两级映像的作用是什么？它具有哪些功能？

7. 指出下列实体之间的联系的种类。

　（1）老师和学生之间的联系。

　（2）人和出生地之间的联系。

　（3）课程和学生之间的联系。

　（4）学校和校长之间的联系。

　（5）学生和班级之间的联系。

8. 简述数据库两级映像与数据独立性的关系。

9. 数据库系统三级模式划分的优点是什么？它能带来哪些数据独立性？

10. 数据完整性有几种？各自有什么含义？

第 3 章　关系数据库

关系数据库系统是支持关系模型的数据库系统。关系数据库是目前应用最广泛，也是最重要、最流行的数据库。按照数据模型的三要素，关系模型由关系数据结构、关系操作集合和关系完整性约束三部分组成。

本章主要学习关系数据库的基础，其中，关系代数是学习的重点和难点。学习本章后，读者应该掌握关系的定义及其性质，关系键、外部键等基本概念，懂得关系演算语言的使用方法。重点掌握实体完整性、参照完整性和用户定义完整性的基本内容与意义，掌握关系代数的基本运算等。

3.1　关系数据结构及其定义

3.1.1　关系

关系模型的数据结构非常简单，只包含单一的数据结构——关系。从用户的角度看关系的逻辑结构就是一张由行和列构成的二维表。虽然关系非常简单但是却能够表示现实生活中的实体及实体之间的各种关系。

（1）元组。我们说关系是由行和列构成的，关系中的行称为元组。一行就是一个元组。

（2）属性。关系中的列我们称为属性，一列称为一个属性。一个关系由多个列构成。

（3）域。域是一组具有相同数据类型的值的集合。

例如，属性性别取{男，女}，年龄取值可以为{0～150}的整数等，像这些表示取值类型范围的数值集合，我们称为域。

（4）笛卡儿积。笛卡儿积是域上的一种集合运算。给定一组域 D_1，D_2，D_3，…，D_n，允许其中某些域是相同的，D_1，D_2，D_3，…，D_n 的笛卡儿积为：$D_1 \times D_2 \times \cdots \times D_n = \{(d_1, d_2, \cdots, d_n)\}$ 其中 d_i 属于 D_i，$i=1$，2，…，n。其中每一个元素（d_1，d_2，…，d_n）称为一个 n 元组，或简称元组。

笛卡儿积可以表示为一张二维表，表中的每行对应一个元组，表中的每列的值来自一个域。例如，给出 3 个域：学生集合 D_1={张苗，王敏}　导师集合 D_2={刘斌，张山}专业集合 D_3={计算机专业、信息专业}，则 D_1，D_2，D_3 的笛卡儿积如表 3-1 所示。

表 3-1　D_1，D_2，D_3笛卡儿积

学生	导师	专业
张苗	刘斌	计算机专业
张苗	张山	计算机专业
张苗	刘斌	信息专业

续表

学生	导师	专业
张苗	张山	信息专业
王敏	刘斌	计算机专业
王敏	张山	计算机专业
王敏	刘斌	信息专业
王敏	张山	信息专业

（5）关系。$D_1 \times D_2 \times \cdots \times D_n$ 的子集叫作在域 D_1，D_2，$\cdots$，D_n 上的关系，表示为 R（D_1，D_2，$\cdots$，D_n）。这里 R 表示为关系的名字，n 表示为关系的目或者度。关系中每个元素是关系中的元组，元组又是关系中的行。当 $n=1$ 时，说明关系中只有一个元组，我们称为单元关系或者一元关系；当 $n=2$ 时，我们称为二元关系，等等。

关系是笛卡儿积的有限子集，关系也是一张二维表，由行和列构成。关系中的行我们称为元组，关系中的列我们称为域，为了区分我们给每一列取一个名称，列名我们又称为属性名。

如果一个关系的元组个数是无限的，则称为无限关系；如果关系的元组是有限的，则称为有限关系。由于计算机存储系统的限制，我们一般不去处理无限关系，只考虑有限关系。

由于关系是笛卡儿积的子集，因此，也可以把关系看成一个二维表，表的每一列对应一个域，表的每一行对应一个元组。由于域可以相同，为了区别给每个域起一个名字，我们称为属性名，因此列又称为属性，一列就成为一个属性，一行就成为一个元组。

3.1.2　关系的性质

尽管关系与二维表格、传统的数据文件类似，但是它们之间有着重要的区别，严格地说，关系是一种规范化了的二维表中行的集合，为了使相应的数据操作简化，在关系模型中对关系做了种种限制，关系具有如下性质。

（1）列是同质的，每一列中的分量必须来自同一个域，必须是同一类型的数据。

（2）不同的列可以来自同一个域，每一列称为一个属性，不同的属性必须有不同的名字，如表 3-2 所示。

表 3-2　一个关系的两个属性来自同一个域

姓名	职业	兼职
郝东	教师	辅导员
王君	工人	教师
刘宁	教师	辅导员

职业和兼职是两个列，它们来自同一个域，但是这两列又是两个不同的属性，必须给它们起不同的名字，即"职业"和"兼职"。

（3）列的顺序可以任意交换。交换时列名也一起交换，否则会得到不同的关系。

（4）关系中元组的顺序可以是任意的，可以任意交换两行的次序。

（5）关系中不允许出现相同的行。

（6）关系中每一个分量必须是不可以再分割的最小项，也称为原子。

3.1.3 关系模式

在数据库中要区分型和值。关系数据库中，关系模式是型，关系是值。关系模式是对关系的描述，那么一个关系需要描述哪些方面的内容呢？

由于关系就是笛卡儿积的子集，该子集中的每一个元素是一个元组，即关系也是元组的集合。因此，关系模式必须指出这个元组集合的结构，即它由哪些属性组成，每个属性的名称是什么，这些属性来自哪些域，以及属性与属性之间的映射关系。

现实世界随时间在不断地变化，因而在不同的时刻关系模式的关系也会有所变化。但是现实世界许多的已有事实和规则限定了关系模式，所有可能的关系必须满足一定的完整性约束条件。这些约束或者通过对属性取值范围的限定（如职工年龄小于 60 岁），或者通过属性值间的相互关联反映出来。例如，如果两个元组的主码相等，那么元组的其他值也一定相等，因为主码唯一标识一个元组，主码相等就表示这是同一个元组。关系模式应当刻画出这些完整性约束条件。

定义 3.1 关系的描述称为关系模式。它可以形式化地表示为：$R（U，D，DOM，F）$，其中 R 为关系名，U 为组成该关系的属性名集合，D 为 U 中属性所来自的域，DOM 为属性向域的映像集合，F 为属性之间的依赖关系。

从概念可以看出，关系是关系模式在某一时刻的状态或者内容。关系模式是静态的、稳定的，而关系是动态的、随时间不断变化的，因为关系操作在不断地更新着数据库中的数据。例如，学生关系模式在不同的学年，学生—关系是不同的。在实际工作中，人们常常把关系模式和关系笼统地称为关系。

3.1.4 关系数据库

在关系模式中，实体以及实体间的联系都是用关系来表示的。例如，导师实体、研究生实体、导师与研究生之间的一对多关系都可以用关系来表示。在一个给定的应用领域中，所有关系的集合构成一个关系数据库。

关系数据库也有型和值之分。关系数据库的型也称为关系数据库模式，是对关系数据库的描述。关系数据库模式包括若干域的定义，以及在这些域上定义的若干关系模式。

关系数据库的值是这些关系模式在某一时刻对应的关系的集合，通常称为关系数据库。

3.1.5 关系模型的存储结构

我们已经知道，在关系模型中实体及实体间的联系都用表来表示，但表是关系数据的逻辑模型。在关系数据库的物理组织中，有的关系数据库管理系统中一个表对应一个操作系统文件，将物理数据组织交给操作系统完成；有的关系数据库管理系统从操作系统那里申请若干个大的文件，自己划分文件空间、组织表、索引等存储结构，并进行存储管理。

3.2　关系的码与关系的完整性

3.2.1　候选码与主码

1. 候选码

能够唯一标识关系中元组的一个属性或属性集，称为候选码，也称候选关键字或候选键。例如，学生关系中的学号，学号能够唯一标识一个同学信息，学号可以作为候选键。选课关系中课程号和学号两个字段联合起来就可以唯一标识一个选课元组，所以课程号和学号联合起来作为候选键。

定义 3.2　设关系 R 有属性 A_1，A_2，A_3，$\cdots$，A_n. 其属性集 $K=(A_i, A_j, \cdots, A_K)$，当且仅当满足下列条件时，$K$ 被称为候选码。

（1）唯一性，关系 R 的任意两个不同元组，其属性 K 的值是不同的。

（2）最小性，组成关系键的属性集 $(A_i, A_j, \cdots, A_K)$ 中，任一属性都不能从 K 中删除掉，否则将破坏唯一性的性质。

例如，学生关系中学号是候选键，选课关系中学号+课程号是候选键，学号是唯一的，学号+课程号也是唯一的。将选课关系中的学号+课程号中任意一个去掉，都不能再唯一标识选课关系中的元组。

2. 主码

如果一个关系中有多个候选码，可以从中选择一个作为查询、插入，或者删除元组的操作变量，被选用的候选码称为主码，主码也称为主键或者关系键。例如，假如学生关系中学号、身份证号都是候选码，那么可以选学号作为主码，也可以选身份证号作为主码，但是要强调的是一个关系中只有一个主码，但可以有多个候选码。

3. 主属性和非主属性

主属性：包含在主码中的各个属性称为主属性。

非主属性：不包含在任何候选码中的属性称为非主属性（非码属性）。

一般情况下，一个候选码只包含一个属性，如学生关系中的学号、教师关系中的教师号。但是有时候也会出现极端情况，所有属性的组合是关系的候选键，这称为全码。

3.2.2　外码

定义 3.3　如果关系 R 的一个属性或者属性组 X 不是关系 R 的主键，而是关系 S 的主键，则该属性或者属性组 X 称为 R 的外码或者外部键。

例如，学生关系中有系号，系号并不是学生关系的主键而是系部关系中的主键，所以系号就是学生关系的外键。通过外键和主键之间的对应关系建立参照完整性约束。

3.2.3 关系的完整性

关系模型的完整性规则是对关系的某种约束和限制。应该说关系的值随着时间的变化应该满足一些约束条件。这些约束条件的限制其实就是完整性约束。

关系的完整性约束有三类：实体完整性、参照完整性和用户定义完整性。其中实体完整性和参照完整性是关系模型必须满足的完整性约束条件，被称作关系的两个不变性，应该由关系系统自动支持。而用户定义完整性是根据用户的具体需求，由用户自己定义的。

1. 实体完整性

实体完整性是指主关系键的值不能为空或部分为空。

关系模型中的一个元组对应一个实体，一个关系则对应一个实体集。

例如，主键能够唯一标识一个元组，学生关系中学号为主键，学号能够唯一标识一个学生实体，如果学生关系中学号为空，那就没有意义了。只有学号才能标识一个学生，姓名等属性是不能标识一个学生的。因为"学号"在学生关系中能够唯一标识一个学生，一个学生也是一个实体。

2. 参照完整性

现实世界中的实体之间往往存在某种联系，在关系模型中实体及实体间的联系都是用关系来描述的，这样就自然存在关系与关系之间的引用。例如，学生关系和专业关系。

学生（学号，姓名，性别，专业号，年龄），其中学号为主键。

专业（专业号，专业名，开设时间），其中专业号为主键。

这两个关系之间存在属性的引用，学生关系引用了专业属性的主码"专业号"。很明显学生关系中的专业号必须是专业关系中的专业号，换句话说，学生关系中的专业号在专业关系中必须存在。那么学生关系中的专业号取值必须依赖于专业关系中的专业号。

定义 3.4 设 F 是基本关系 R 的一个或者一组属性，但不是关系 R 的码，K_S 是基本关系 S 的主码。如果 F 与 K_S 相对应，则称 F 是 R 的外码，并称基本关系 R 为参照关系，基本关系 S 为被参照关系或者目标关系。关系 R 与关系 S 不一定是不同的关系。

很显然，目标关系 S 的主码和参照关系的外码必须定义在同一个（或同一组）域上。例如，学生专业中的"专业号"和专业关系中的"专业号"，二者要定义相同类型，长度范围也要一致。这样才符合参照完整性。

参照完整性的规则：若属性（或者属性组）F 是基本关系 R 的外码，它与基本关系 S 的主码 K_S 相对应（基本关系 R 与基本关系 S 不一定是不同的关系），则对于 R 中的每个元组在 F 上的值必须满足下列条件。

或者取空值（F 的每个属性值均为空值）。

或者等于 S 中某个元组的主码值。

例如，对于学生关系中每个元组的"专业号"属性只能取下面两类值。

空值，表示尚未给该学生分配专业；非空值，这时该值必须是专业中某个元组的"专业号"值，表示该学生不可能被分配到一个不存在的专业中。即参照关系的外码=被参照关系的主码。

3. 用户定义完整性

用户定义完整性是针对某一具体关系数据库的约束条件，它反映某一具体应用所涉及的数据必须满足的语义要求。例如，成绩关系中的成绩可以定义为整数型 $0 \sim 100$。某些数据的格式也要进行限制，关系模型提供定义和检验完整性的机制，以便用统一的、系统的方法处理它们，而不用由应用程序承担这一功能。

3.3 关 系 代 数

关系代数是一种抽象的查询语言，它用对关系的运算来表达查询。

任何一种运算都是将一定的运算符作用于一定的运算对象上，得到预期的运算结果。所以运算对象、运算符、运算结果是运算的三大要素。关系代数的运算对象是关系，运算结果也是关系，运算符分为传统的集合运算和专门的运算。

1. 传统的集合运算

传统的集合运算是二目运算，包括并、交、差、笛卡儿积四种。

1）并 （∪）

关系 $R \cup S$ 表示为：关系 R 和关系 S 的并，记作

$$R \cup S=\{t|t \in R \vee t \in S\}$$

其结果仍为 n 目关系，由属于 R 或属于 S 的元组组成。

关系 R 与关系 S 如表 3-3、表 3-4 所示。

表 3-3 关系 R

a	b
A_1	A_2
A_3	A_4
A_5	A_6

表 3-4 关系 S

a	b
A_1	A_2
A_6	A_7
A_8	A_9

并表示关系 R 和关系 S 中的所有元素合并，再去掉重复的元组。例如：关系 R 和关系 S 的并如表 3-5 所示。

表 3-5　关系 R 和关系 S 的并

a	b
A_1	A_2
A_3	A_4
A_5	A_6
A_6	A_7
A_8	A_9

2）交（∩）

取关系 R 和关系 S 中相同的元组。记作：$R\cap S=\{t|t\in R\wedge t\in S\}$。

例如，关系 R_1∩ 关系 $S_1=R_1\cap S_1$，如表 3-6～表 3-8 所示。

表 3-6　关系 R_1

X	Y
A_1	B_1
A_2	B_2
A_3	B_3

表 3-7　关系 S_1

X	Y
A_1	B_1
A_4	B_4
A_3	B_3

表 3-8　关系 $R_1\cap S_1$

X	Y
A_1	B_1
A_3	B_3

3）差（一）

关系 R 与关系 S 的差记作 $R-S=\{t|t\in R\wedge t\not\in S\}$，其结果仍为 n 目关系，由属于 R 而不属于 S 的所有元组组成。

$R-S$ 表示关系 R 与关系 S 的差，$R-S=\{$从关系 R 中去掉与关系 S 中相同的元组$\}$，如表 3-9 和表 3-10 所示。

表 3-9　关系 R_3

X	Y
A_1	B_1
A_2	B_2
A_3	B_3

表 3-10　关系 S_3

X	Y
A_1	B_1
A_4	B_4
A_3	B_3

R_3-S_3 的结果如表 3-11 所示。

表 3-11　关系 R_3-S_3

X	Y
A_2	B_2

4）笛卡儿积（×）

关系 R 与关系 S 的笛卡儿积记作：$R×S=\{t_rt_s|t_r∈R∧t_s∈S\}$。

这里的笛卡儿积严格意义上说是广义的笛卡儿积，因为这里的笛卡儿积的元素是元组。

两个分别为 n 目和 m 目的关系 R 和 S 的笛卡儿积是一个（$n+m$）列的元组集合。元组的前 n 列是关系 R 的一个元组，后 m 列是关系 S 的一个元组。若 R 有 K_1 元组，S 有 K_2 个元组，则关系 R 和关系 S 的笛卡儿积有 $K_1×K_2$ 个元组。

例如，关系 R 与关系 S 的笛卡儿积如表 3-12～表 3-14 所示。

表 3-12　关系 R

A	B	C
A_1	B_1	C_1
A_2	B_2	C_2

表 3-13　关系 S

A	B	C
X	Y	Z

表 3-14　$R×S$

R.A	R.B	R.C	S.A	S.B	S.C
A_1	B_1	C_1	X	Y	Z
A_2	B_2	C_2	X	Y	Z

2．专门的运算

1）选择

选择出满足条件的所有行。选择运算是单目运算，是根据一定的条件在给定的关系 R 中选择若干个元组，组成一个新的关系，记作

$$\sigma_F(R)=\{t|t\in R\wedge F(t)=\text{"真"}\}$$

其中，σ 为选取运算符；F 为选取的条件，它是由运算对象（属性名、常数、简单函数）、算数比较运算符（$>$、$\geq$、$<$、$\leq$、$=$、$\neq$）和逻辑运算符（$\vee$、$\wedge$）连接起来的逻辑表达式，结果为"真"或"假"。

选择运算实际上是从关系 R 中选取符合 F 条件的元组，要求 F 条件为真。

例如，查询计算机系的全体学生。

$\sigma_{\text{Dept="计算机系"}}(S)$ 或 $\sigma_{5=\text{"计算机系"}}(S)$，其中 5 为关系 S 中的列的序号。运行结果如表 3-15 所示。

表 3-15　选取当前条件为 Dept="计算机系"的运算结果

SNO	SN	SEX	AGE	DEPT
S_1	赵明	男	17	计算机系
S_5	刘删	女	18	计算机系

例如，查询工资高于 1000 元的男教师。

$$\sigma_{(\text{工资}>1000)\wedge(\text{性别="男"})}(\text{工资表})$$

从工资表中找出工资大于 1000 元而且性别为男的人。运行结果如表 3-16 所示。

表 3-16　当选取条件为（工资>1000 元，且性别="男"）

编号	姓名	性别	年龄	职称	工资	系部
T1	李立	男	50	副教授	6500	计算机系

2）投影

从关系中挑选出若干属性组成新的关系称为投影。投影运算也是单目运算，关系 R 上的投影是从 R 中选取若干属性列，组成新的关系，即对关系在垂直方向进行的运算，从左到右按照指定的若干属性及顺序取出相应列，删除重复的元组。记作

$$\Pi_A(R)=\{t[A]|t\in R\}$$

其中，A 为 R 中的属性列；Π 为投影的运算符。从定义中可以看出，投影运算是从列的角度进行的运算，这正是选取运算和投影运算的区别所在。选取运算是从关系的水平方向上进行运算的，而投影运算则是从关系的垂直方向上进行的。

例如，查询教师的姓名、编号及职称。

$$\Pi_{\text{姓名,编号,职称}}(R) \text{ 或 } \Pi_{2,1,5}$$

注意：其中 2，1，5 为表中对应的列的顺序号。运行结果如表 3-17 所示。

表 3-17　在姓名、编号、职称三个属性列上的投影运算

姓名	编号	职称
李立	T1	教授
王平	T2	讲师
张兰	T3	副教授

3）连接

从两个关系的笛卡儿积中选出属性间满足一定条件的元组。

自然连接是一种等值连接，它要求关系 R 与 S 中具有相同的属性组，并在结果中将重复的属性列去掉。连接运算是双目运算，从两个表中选取满足连接条件的元组，组成新的关系。

设有两个关系 $R(A_1, A_2, \cdots, A_n)$ 及 $S(B_1, B_2, \cdots, B_n)$，连接属性集 X 包含于 $(A_1, A_2, \cdots, A_n)$，Y 包含于 $(B_1, B_2, \cdots, B_n)$，X，Y 具有相同的属性列，且对应属性列有共同的域。$Z=\{A_1, A_2, \cdots, A_n\}|X$（$X$ 表示去除 X 之外的元素），连接运算主要有以下几种形式。

（1）θ 连接。

（2）等值连接。

（3）自然连接。

（4）外部连接。

（5）半连接。

θ 连接运算一般表示为

$$R\underset{X\theta Y}{\infty}S = \{t_r{}^\frown t_s \mid t_r \in R \wedge t_s \in S \wedge t_r[X]\theta t_s[Y]\text{为真}\}$$

其中，∞ 为连接运算符；θ 为算术比较运算符，也称 θ 连接。

$X\theta Y$ 为连接条件，其中，θ 为 "=" 时，称为等值连接；θ 为 "<" 时，称为小于连接；θ 为 ">" 时，称为大于连接。

自然连接是一种特殊的等值连接，它要求两个关系中进行比较的分量必须是相同的属性或属性组，并且在连接结果中去掉重复的属性列，使公共属性列只保留一个，即若关系 R 和 S 具有相同的属性组 B，则自然连接可记作

$$R\infty S = \{t_r{}^\frown t_s \mid t_r \in R \wedge t_s \in S \wedge t_r[X]=t_s[Y]\}$$

一般的连接运算是从行的角度进行运算，但自然连接还需要去掉重复的列，所以是同时从行和列的角度进行运算的。

自然连接与等值连接的区别如下。

（1）自然连接要求相等的分量必须有共同的属性名，等值连接则不要求。

（2）自然连接要求把重复的属性名去掉，等值连接却不需要这样做。

例如，设有如表 3-18 与表 3-19 所示的两个关系 R 和 S，表 3-20 为大于连接（$C>D$），表 3-21 为 R 和 S 的等值连接（$C=D$），表 3-22 所示为 R 和 S 的等值连接（$R.B=S.B$），

表 3-23 所示为 R 和 S 的自然连接。

表 3-18 连接运算举例 R

A	B	C
A_1	B_1	2
A_1	B_2	4
A_2	B_3	6
A_2	B_4	8

表 3-19 连接运算举例 S

B	D
B_1	5
B_2	6
B_3	7
B_3	8

表 3-20 大于连接（C>D）

A	R.B	C	S.B	D
A_2	B_3	6	B_1	5
A_2	B_4	8	B_1	5
A_2	B_4	8	B_2	6
A_2	B_4	8	B_3	7

表 3-21 等值连接（C=D）

A	R.B	C	S.B	D
A_2	B_3	6	B_2	6
A_2	B_4	8	B_3	8

表 3-22 等值连接（R.B=S.B）

A	R.B	C	S.B	D
A_1	B_1	2	B_1	5
A_1	B_2	4	B_2	6
A_2	B_3	6	B_3	7
A_2	B_3	6	B_3	8

表 3-23 自然连接

A	B	C	D
A_1	B_1	2	5
A_1	B_2	4	6
A_2	B_3	6	7
A_2	B_3	6	8

4）除

在 R 中删除与 S 中相同的元素，留不同的元素。

除法运算是二目运算，设有关系 R（X，Y）与关系 S（Y，Z），其中 X，Y，Z 为属性集合，R 中的 Y 与 S 中的 Y 可以有不同的属性名，但属性必须出自相同的域。关系 R 除以关系 S 所得的商是一个新的关系 P（X），P 是 R 中满足下列条件的元组在 X 上的投影：元组在 X 上分量 r 的像集 Y_r 包含 S 在 Y 上的投影的集合。记作

$$R \div S = \{ t_r[X] \mid t_r \in R \land \prod_y (S) \subseteq Y_x \}$$

其中，Y_x 为 x 在 R 中的像集，$x = t_r[X]$。

例如，已知关系 R 和 S，除运算示例如表 3-24～表 3-26 所示。

表 3-24　除运算示例（一）R

A	B	C	D
A_1	B_2	C_3	D_5
A_1	B_2	C_4	D_6
A_2	B_4	C_1	D_3
A_2	B_5	C_2	D_8

表 3-25　除运算示例（二）S

C	D	F
C_3	D_5	F_3
C_4	D_6	F_4

表 3-26　$R \div S$

A	B
A_1	B_2

3.4　本章小结

关系数据库系统是本书的重点，这是因为关系数据库系统是目前使用最广泛的数据库系统。20 世纪 70 年代后开发的数据库管理系统产品几乎都是基于关系的。在数据库发展的历史上，最重要的成就之一就是关系模型。

本章主要讲述了关系数据库的主要概念，包括关系数据库中的实体、属性、联系，关系模型的结构，关系代数关系运算，并、差、交、选择、投影、连接、除以及笛卡儿积等。学习本章要注意多和高等数学中的集合运算结合。

习　题

一、选择题

1. 下列关于关系中主属性的描述，错误的是（　　）。

　　A. 主键所包含的属性一定是主属性

　　B. 外键所引起的属性一定是主属性

　　C. 候选键所包含的属性都是主属性

　　D. 任何一个主属性都可以唯一地标识表中的一行数据

2. 设有关系模式：销售（顾客号，商品号，销售时间，销售数量），若一个顾客可在不同时间对同一产品购买多次，同一个顾客在同一时间可购买多种商品，则此关系模式的主键是（　　）。

　　A. 顾客号　　　　　　　　　　　　B. 产品号

　　C.（顾客号，商品号）　　　　　　D.（顾客号，商品号，销售时间）

3. 关系数据库用二维表来组织数据，下列关于关系表中记录的说法，正确的是（　　）。

　　A. 顺序很重要，不能交换　　　　　B. 顺序不重要

　　C. 按输入数据的顺序排列　　　　　D. 一定是有序的

4. 下列不属于数据完整性约束的是（　　）。

　　A. 实体完整性　　　　　　　　　　B. 参照完整性

　　C. 域完整性　　　　　　　　　　　D. 数据操作完整性

5. 下列关于关系操作的说法，正确的是（　　）。

　　A. 关系操作是基于集合的操作

　　B. 在进行关系操作时，用户不需要知道数据的存储结构

　　C. 在进行关系操作时，用户需要知道数据的存储结构

　　D. 用户可以在关系上直接进行定位操作

6. 下列关于关系的说法，错误的是（　　）。

　　A. 关系中的每个属性都是不可再分的基本属性

　　B. 关系中不允许出现值完全相同的元组

　　C. 关系中不需要考虑元组的先后顺序

　　D. 关系中属性顺序不同，关系所表达的语义也不同

7. 下列关于关系代数中选择运算的说法，正确的是（　　）。

　　A. 选择运算是从行的方向选择集合中的数据，选择运行后的行数有可能减少

　　B. 选择运算是从行的方向选择集合中的数据，选择运算后的行数不变

　　C. 选择运算是从列的方向选择集合中的若干列，选择运算后的列数有可能减少

　　D. 选择运算是从列的方向选择集合中的若干列，选择运算后的列数不变

8. 下列用于表达关系代数中投影运算的运算符是（　　　）。

    A. ∏　　　　　　　　B. ℂ　　　　　　　　C. σ　　　　　　　　D. φ

9. 下列关于关系代数中差运算结果的说法，正确的是（　　　）。

    A. 差运算的结果包含了两个关系中的全部元组，因此有可能有重复的元组

    B. 差运算的结果包含了两个关系中的全部元组，但不会有重复的元组

    C. 差运算的结果只包含两个关系中的相同的元组

    D. "A-B" 差运算的结果由属于 A 但不属于 B 的元组组成

10. 下列说法正确的是（　　　）。

    A. 选择是对关系中的元组操作

    B. 投影是对关系中的行操作

    C. 投影操作是对关系中的列进行操作，当投影条件为"真"时，从关系中投影出来的列

    D. 连接只能是两个关系的操作，不能是三个或更多

二、填空题

1. 在关系中，每个属性的取值范围称为属性的_____。

2. 已知系（系号，系名称，系主任，电话，地点）和学生（学号，姓名，性别，入学日期，专业，系编号）两个关系，系关系的主码是_____ 。

3. 设有学生关系：S（学号，姓名，性别，年龄，系部），查询学生姓名和所在系的投影操作的关系运算式是_____。

4. 模式是数据库中全体数据的_____和_____的描述，它仅仅涉及_____的描述，不涉及具体的值。

5. 关系就是一张_____表。

6. 关系里的行称为_____，表中的行称为_____。

7. 从一个数据库文件中取出满足条件的所有记录形成一个新的数据库文件的操作是_____。

8. 关系代数中连接操作是由_____操作组合而成。

9. 选择、连接、投影属于_____运算。

10. 完整性约束是指 _____。

三、简答题

1. 简述关系模型的三个组成部分。

2. 简述关系数据库语言的特点和分类。

3. 说明下列术语的区别与联系。

    （1）域、笛卡儿积、关系、元组、属性。

    （2）主码、候选码、外码。

    （3）关系模式、关系数据库、关系。

（4）完整性约束。

4. 关系数据库的三个完整性约束是什么？各有什么含义？

5. 解释关系模式与关系的区别。

6. 在学生关系中，投影出学生的学号、姓名、性别。

7. 将学生关系与成绩关系建立连接，共同的属性为学号。

8. 在学生关系中查询年龄大于 20 岁的学生信息。

9. 简述笛卡儿积的特点。

10. 简述关系数据库的特点。

第 4 章　关系数据库标准语言 SQL

结构化查询语言（structured query language，SQL）是关系数据库的标准语言，也是一个通用的、功能极强的关系数据库语言。其功能不仅仅是查询，而且包括数据库模式创建、数据库的插入与修改、数据库安全性定义与控制等一系列功能。

4.1　SQL 概　述

SQL 是操作关系数据库的标准语言。本节介绍 SQL 的发展、特点以及主要功能。

4.1.1　SQL 的发展

最早的 SQL 原型是 IBM 的研究人员在 20 世纪 70 年代开发的，该原型被命名为 SEQUEL（structured english Query language）。随着 SQL 的颁布，各数据库厂商纷纷在其产品中引入并支持 SQL，尽管绝大多数产品对 SQL 的支持大部分相似，但它们之间还是存在一定差异的，这些差异不利于初学者的学习。因此，本章介绍 SQL 时主要介绍标准的 SQL，我们将其称为基本 SQL。

20 世纪 80 年代以来，SQL 就一直是关系数据库管理系统的标准语言，最早的 SQL 标准是 1986 年 10 月美国国家标准学会（American National Standards Institute，ANSI）颁布的，国际化标准组织（International Organization for Standardization，ISO）于 1987 年正式采纳了它为国际标准，并在此基础上进行了补充，到 1989 年 4 月，ISO 提出了具有完整性特征的 SQL，并称之为 SQL-89。后经过几次修订，1999 年又颁布了新的 SQL 标准，称为 SQL-99 或者 SQL3。

4.1.2　SQL 的特点

SQL 之所以能够被用户和业界所接受并成为国际标准，是因为它是一个综合的、功能强大且又比较简洁易学的语言。SQL 集数据定义、数据查询、数据操纵和控制于一身，其主要特点如下。

1. 一体化

SQL 风格统一，可以完成数据库活动的全部工作，包括创建数据库、定义模式、更改和查询数据以及安全控制和维护数据库等。这为数据库应用系统的开发提供了良好的环境，用户在数据库系统投入使用后，还可以根据需要随时修改模式结构，并且不影响数据库的运行，从而使系统具有良好的可扩展性。

2. 高度非过程化

使用 SQL 访问数据库时，用户没有必要告诉计算机"如何"一步一步地实现操作，只需要用 SQL 描述要"做什么"，然后由数据库管理系统自动完成全部工作。

3. 简洁

虽然 SQL 功能很强，但它只有为数不多的几条命令。另外，SQL 的语法也比较简单，接近英语自然语言，因此容易学习和掌握。

4. 可以多种方式使用

SQL 可以直接以命令方式交互使用，也可以嵌入程序设计语言中使用。现在很多数据库应用开发工具都将 SQL 直接融入自身的语言中，使用起来非常方便。这些使用方式为用户提供了灵活的选择余地。而且，不管是哪种使用方式，SQL 的语法都是一样的。

4.1.3　SQL 功能概述

SQL 按其功能可分为数据定义语言、数据查询语言、数据操纵语言、数据控制语言四部分，如表 4-1 所示。

表 4-1　SQL 的主要功能

SQL 功能	动词
数据定义	Create、Drop、Alter
数据查询	Select
数据操纵	Insert、Update、Delete
数据控制	Grant、Revoke、Deny

数据定义功能主要是对数据库结构的改变，包括新建数据库、删除数据库以及删除数据库对象、修改数据库结构（增加列、删除列、修改列的数据类型长度等）；数据查询功能主要是查询数据库中的内容，是数据库操作用得最多的，频率最高的；数据操纵功能主要是给数据库表中增加行,修改字段的值、删除内容;数据控制功能主要包括 Grant 授权语句,Revoke 收回权限语句等，主要是限制用户的使用权限。

4.2　SQL 支持的数据类型

关系数据库的表结构由列组成。列指明了要存储的数据的含义，同时指明了要存储的数据的类型，因此，定义表结构时，必然指明每个列的数据类型。

每个数据库厂商提供的数据库管理系统支持的数据类型不完全相同，而且与标准的 SQL 也有差异，这里主要介绍 Microsoft SQL Server 支持的常用数据类型，同时也列出了对应的标准 SQL 数据类型，以便于读者对比。

4.2.1　数值型

1. 准确型

准确型数值是指在计算机中能够精确存储的数据，如整型、定点小数等。表 4-2 列出了 SQL Server 中支持的准确型数据类型，同时也列出了对应的 ISO SQL 支持的准确型数据类型。

表 4-2　准确型数值类型

SQL Server 数据类型	ISO SQL 数据类型	说明	存储空间
Bigint		存储 $-2^{63} \sim 2^{63}-1$ 范围的整数	8 字节
Int	Integer	存储 $-2^{31} \sim 2^{31}-1$ 范围的整数	4 字节
Smallint	Smallint	存储 $-2^{15} \sim 2^{15}-1$ 范围的整数	2 字节
Tinyint		存储 0～255 范围的整数	1 字节
Bit	Bit	存储 1 或 0	1 字节
Numeric（p，q）	Decimal	定点精度和小数位数。p 为精度、q 为小数位数	最多 17 个字节

2. 近似型

近似型用于存储浮点型数据，表示在其数据类型范围内的所有数据在计算机中不一定都能精确地表示。表 4-3 列出了 SQL Server 支持的近似型数据类型，同时列出了对应的 ISO SQL 支持的近似型数据类型。

表 4-3　近似型数据类型

SQL Server 数据类型	ISO SQL 数据类型	说明	存储空间
Float	Float	存储从 $-1.79E+308$ 到 $1.79E+308$ 范围的浮点型数	4 字节或 8 字节
Real	Real	存储从 $-3.40E+38$ 到 $3.40E+38$ 范围的浮点型数	4 字节

4.2.2　字符串类型

字符串型数据由汉字、英语字母、数字和各种符号组成。目前，字符的编码方式有两种：一种是普通字符编码；另一种是统一字符编码。普通字符编码指的是不同国家或地区的编码长度不一样，如英文字母的编码是 1 个字节（8 位），中文汉字的编码是 2 个字节（16 位）。统一字符编码是对所有语言中的字符均采用双数据类型，如表 4-4 所示。

表 4-4 字符串型数据类型

SQL Server 数据类型	说明	存储空间
Char（n）	固定长度的字符串类型，n 表示字符串的最大长度，取值范围为 1~8000	n 字节
Varchar（n）	可变长度的字符串类型，n 表示字符串的最大长度，取值范围为 1~8000	字符数，1 个汉字算 2 个字符
text	可存储 $2^{31}-1$ 个字符的大文本类型。用于存储超过 8000 字节的列数据	字符数，1 个汉字算 2 个字符
Varchar（max）	最多可存储 $2^{31}-1$ 个字符的大文本类型。用于存储超过 8000 字节的列数据	字符数，1 个汉字算 2 个字符
Nchar（n）	固定长度的 Unicode 字符串类型，n 表示字符串的最大长度，取值范围为 1~4000	2n 字节
Nvchar（n）	可变长度的 Unicode 字符串类型，n 表示字符串的最大长度，取值范围为 1~4000	2*字符数+2 字节额外开销

4.2.3 日期时间类型

SQL Server 2008 支持三种类型的日期时间类型。表 4-5 列出了 SQL Server 2008 支持的常用日期时间数据类型。

表 4-5 SQL Server 2008 支持的常用日期时间数据类型

日期时间类型	说明	存储空间
Date	定义一个日期，范围为 0001-01-01 到 9999-12-31，字符长度为 10 位，默认格式为 YYYY-MM-DD。YYYY 表示 4 位年份数字，范围从 0001 到 9999；MM 表示两位月份数字，范围从 01 到 12；DD 表示两位日期数字，范围从 01 到 31（最高值取决于具体月份）	3 字节
Time[（n）]	定义一天中的某个时间，该时间基于 24 小时制。默认格式为 hh：mm：ss[.nnnnnnn]，范围为 00：00：00.0000000 到 23：59：59.9999999，精确到 100 ns。n（n 表示任意数字）秒的小数位数，取值范围是 0~7 的整数。默认秒的小数位数是 7（100 ns）	3~5 字节
Date time	定义一个采用 24 小时制并带有秒的小数部分的日期和时间，范围为 1753-01-01 到 9999-12-31，时间范围是 00：00：00 到 23：59：59.997，默认格式为：YYYY-MM-DD-HH：MM：SS：NNN，N 为数字，表示秒的小数部分（精确到 0.003 33 s）	8 字节
Small date time	定义一个采用 24 小时制并且秒始终为零（：00）的日期和时间，范围为 1900-01-01 到 2079-06-06，默认格式为 YYYY-MM-DD hh：mm：00，精确到分钟	4 字节

Date time 用 4 个字节存储从 1900 年 1 月 1 日之前或之后的天数（以 1990 年 1 月 1 日为分界点，1900 年 1 月 1 日之前的日期的天数小于 0，1900 年 1 月 1 日之后的日期的天数大于 0），另外用 4 个字节存储从午夜（00：00：00）后代表每天时间的毫秒数。

Small date time 与 Date time 类似，它用 2 个字节存储从 1900 年 1 月 1 日之后的日期的天数，用另外 2 个字节存储从午夜（00：00：00）后代表每天时间的分钟数。

4.3　创建数据库

4.3.1　SQL Server 数据库分类

从数据库的应用和管理角度看，SQL Server 数据库分为两大类，即系统数据库和用户数据库。系统数据库是 SQL Server 数据库管理系统自带和自动维护的，这类数据库主要用于存放维护系统正常运行的信息，如服务器上共建有多少个数据库，每个数据库的属性及其所包含的对象，每个数据库的用户以及用户的权限等。用户数据库存放的是与用户业务有关的数据，用户数据库中的数据由用户来维护。我们通常所说的建立数据库都是指创建用户数据库，对数据库的维护也指的是对用户数据库的维护。一般用户对系统数据库没有操作权。

安装完 SQL Server 2008 后系统将自动创建 4 个用于维护系统正常运行的系统数据库，分别是 master、model、msdb 和 tempdb。

1. master 数据库

master 数据库是 SQL Server 中最重要的数据库，它是 SQL Server 的核心数据库，如果该数据库被损坏，SQL Server 将无法正常工作，master 数据库中包含所有的登录名或用户 ID 所属的角色、服务器中的数据库的名称及相关的信息、数据库的位置、SQL Server 如何初始化四个方面的重要信息。

2. model 数据库

用户创建数据库时是以一套预定义的标准为模型。例如，若希望所有的数据库都有确定的初始大小，或者都有特定的信息集，那么可以把这些信息放在 model 数据库中，以 model 数据库作为其他数据库的模板数据库。如果想要使所有的数据库都有一个特定的表，可以把该表放在 model 数据库里。model 数据库是 tempdb 数据库的基础。对 model 数据库的任何改动都将反映在 tempdb 数据库中，所以，在决定对 model 数据库有所改变时，必须预先考虑好是否不按国际标准来操作数据库。

3. msdb 数据库

msdb 数据库给 SQL Server 管理提供必要的信息来运行作业，因而它是 SQL Server 中另一个十分重要的数据库。

4. tempdb 数据库

tempdb 数据库用作系统的临时存储空间，其主要作用是存储用户建立的临时表和临时存储过程，存储用户说明的全局变量值，为数据排序创建临时表，存储用户利用游标说明所筛选出来的数据。

4.3.2　数据库的基本概念

1. SQL Server 数据库的组成

SQL Server 将数据库映射为一组操作系统文件，这些文件被划分两类：数据文件和日志文件。数据文件包含数据和对象，如表、索引、存储过程和视图等。日志文件包含恢复数据库中的所有事务急需的信息。数据和日志信息绝不能混合存放在一个临时空间。

（1）数据文件用于存放数据库中的数据。数据文件又分为主要数据文件和次要数据文件。

①主要数据文件。主要数据库文件的扩展名为.mdf，它包括数据库的系统信息，也可以放用户数据。每个数据库都有且只能有一个主要文件，主要数据库文件是为数据库创建的第一个数据文件。SQL Server 2008 要求主要数据文件不能小于 3 MB。

②次要数据文件。次要数据文件的推荐扩展名为.ndf。一个数据库可以创建多个次要数据文件。次要数据文件既可以建立在一个磁盘上，也可以建立在多个磁盘上。次要数据文件和主要数据文件没有本质的区别，用户都可以使用，在使用中对用户来说是完全透明的。

（2）事务日志文件的扩展名为.ldf，用于存放恢复数据库的所有日志信息。每个数据库必须至少有一个日志文件，也可以有多个日志文件。

2. 文件的属性

在定义数据库时，除了指定数据库的名字外，余下工作就是定义数据库文件和日志文件，定义这些文件需要指定的信息包括如下方面。

（1）文件名及位置。数据库的每个数据文件和日志文件都具有一个逻辑文件名（引用文件时，在 SQL Server 中使用的文件名称）和物理存储位置（包括物理文件名，即操作系统管理的文件名）。一般情况下，如果有多个数据文件的话，为了获得更好的性能，建议将文件存储在多个物理磁盘上。

（2）初始大小。可以指定每个数据文件和日志文件的初始大小。在指定主要数据文件的初始大小时，不能小于 model 数据库主要数据文件的大小，因为系统是将 model 数据库主要数据文件的内容复制到用户数据库的主要数据文件上。

（3）增长方式。如果需要的话，可以指定文件是否自动增长。该选项的默认值是自动增长，即当数据库的空间用完后，系统自动扩大数据库的空间，这样可以防止由于数据库空间用完而造成的不能插入新数据或不能进行数据操作的错误。

（4）最大大小。文件的最大大小是指文件的最大空间限制。默认情况是无限制。建议用户设定允许增长的最大空间为无限大，因为，如果用户不设定最大空间大小，但设置了文件自动增长方式，则文件将会无限制增长直到磁盘空间用完为止。

4.3.3　新建数据库

新建数据库有两种方法，即使用图形化方法创建数据库与 T-SQL 语句创建数据库。

1. 使用图形化方法创建数据库

在 SQL Server 2008 中，通过 SQL Server Management Studio 创建数据库是最容易的方法，对初学者来说简单易用。下面简单介绍一下。

（1）选择开始菜单→程序→"Management SQL Server 2008"→"SQL Server Management Studio"命令，打开"SQL Server Management Studio"窗口，并使用 Windows 或 SQL Server 身份验证建立连接。然后展开服务器，选择"数据库"节点右键单击"数据库"节点，从弹出来的快捷菜单中选择"新建数据库"命令。如图 4-1 所示。

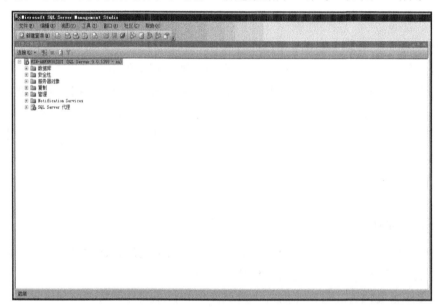

图 4-1　新建数据库窗口图

（2）执行上述操作后，会弹出"新建数据库"对话框，在对话框左侧右键单击"数据库"，弹出新建数据库窗口，如图 4-2 所示。

（3）单击新建数据库菜单，弹出新建数据库界面，让用户输入数据库名称以及存放位置，如图 4-3 所示。输入数据库名称及所有者，选择好数据库文件以及日志文件的存放位置，调整好自动增长设制，如图 4-4 所示，单击"确定"按钮，即可新建一个数据库。

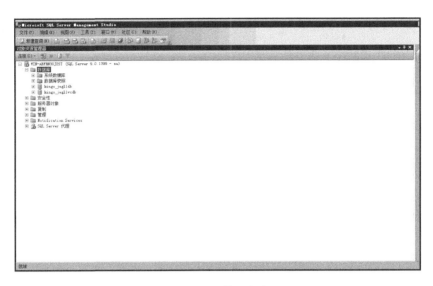

图 4-2　新建数据库窗口

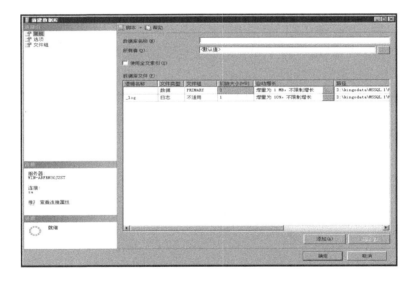

图 4-3　新建数据库界面

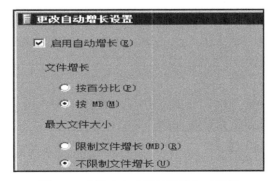

图 4-4　"更改自动增长设置"对话框

2. T-SQL 语句创建数据库

CREATE DATABASE DATABASE_NAME

[ON　[PRIMARY]][<FILESPEC>[, ...n]

[LOG ON{<FILESPEC>[, ...n]}]

]]

<FILESPEC>={

（NAME=LOGICAL_FILENAME,

FILENAME={'FILESTREAM_PATH'}

[, SIZE=SIZE[KB|MB|GB|TB|PB|UNLIMITED]

[, MAXSIZE={MAX_SIZE[KB|MB|GB|TB|PB]

……

[, FILEGROWTH=GROWTH_increment[KB|MB|GB|TB|%]]

）[, ...n]

}

上述用到的一些符号的含义："[　]"表示可选项，不是 SQL 语句的部分。

DATABASE：是数据库名，数据库名必须是唯一的，不能重复。

ON：指定用来存储数据库中数据部分的磁盘文件（数据文件）。其后面一般是用逗号分隔的，用以定义数据文件的<filespec>项列表。

PRIMARY：指定关联数据文件的主文件组，一般表示文件为主要文件。

LOG ON：指定创建的文件为日志文件，多个文件之间有逗号分隔。

< FILESPEC >：定义文件的属性。各参数含义如下。

NAME=LOGICAL_FILENAME：指定文件的逻辑名称。

FILENAME='OS_FILENAME'：指定操作系统（物理）文件名称。其实就是创建时路径及文件名。

SIZE：指定文件的初始大小。

MAXSIZE：指定文件可增加到的最大大小。

UNLIMTED：指定文件的增长为无限大。

FILEGROWTH：指定文件的增长方式按百分比增长还是按照实际的兆值增加。

[例 4.1]　创建一个学生数据库，数据库名"学生数据库"，存放位置 D 盘，主文件大小 2 MB，文件增长速度 10%，最大值无限大，日志文件名称为学生数据库_log，存放在 D 盘，最小值为 1 MB，最大值为 10 MB，自动增长量为 2 MB。

CREATE DATABASE 学生数据库

ON　PRIMARY

（NAME=学生数据库,

FILENAME='D：\学生数据库.MDF',

SIZE=2MB,

MAXSIZE=UNLIMTED,

FILEGROWTH=10%）

LOG ON
（NAME=学生数据库_log，
FILENAME='D：\ 学生数据库_log.ldf'，
SIZE=1 MB，
MAXSIZE=10 MB，
FILEGROWTH=2MB）
注意：删除数据库用 DROP DATABASE 数据库名。

4.4　数　据　定　义

关系数据库系统支持三级模式结构：模式、外模式和内模式。外模式和模式在关系数据库中分别对应视图和表，内模式对应索引及存储结构。因此，SQL 的数据定义功能包括表定义、视图定义、索引定义等。此外，SQL 标准是通过对象对 SQL 所基于的概念进行描述的，这些对象大部分是架构对象，即对象都属于一定的架构，因此，数据定义功能还包括架构的定义，如表 4-6 所示。

表 4-6　SQL 的数据定义语句

对象	创建	修改	删除
架构	Create schema		Drop schema
表	Create table	Alter table	Drop table
视图	Create view	Alter view	Drop view
索引	Create index	Alter index	Drop index

4.4.1　学生-课程数据库

为了后续章节方便介绍数据定义语言、数据操纵语言、数据查询语言和数据控制语言，首先定义一个数据库——学生数据库，在学生数据库中定义了三个表：学生表、课程表、选课表。后续章节如不特殊说明，一般都以这三个表为例进行讲解。

学生表：学生（学号，姓名，性别，年龄，所在系）。

课程表：课程（课号，课名，先行课，学分）。

选课表：选课（学号，课号，成绩）。

关系的主码加下画线表示。三个表分别如表 4-7～表 4-9 所示。

表 4-7　学生表

学号	姓名	性别	年龄	所在系
2017001	郝军	男	23	计算机系
2017002	刘三毛	男	18	经济管理系
2017003	王东升	女	19	计算机系
2017004	陈二虎	男	20	外语系

表 4-8　课程表

课号	课名	先行课	学分
T1	数据库	R1	4
C1	高数		6
R1	数据结构	C1	4

表 4-9　选课表

学号	课号	成绩
2017001	R1	92
2017003	C1	85
2017004	T1	80

4.4.2　模式的定义与删除

1. 模式的定义

在 SQL 中，模式定义语句如下：

CREATE SCHEMA<模式名>AUTHORIZATION<用户名>；

如果没有指定<模式名>，那么<模式名>隐含为< 用户名>。

要创建模式，调用该命令的用户必须拥有数据库管理员权限，或者获得了数据库管理员授予的 CREATE SCHEMA 权限。

[例 4.2]　为用户张虎定义一个学生-课程模式 S-T。

CREATE SCHEMA "S-T" AUTHORIZATION 张虎

定义模式实际上定义了一个命名空间，在这个空间中可以进一步定义该模式包含的数据库对象，如基本表、视图、索引等。

目前在 CREATE SCHEMA 中可以接受 CREATE TABLE，CREATE VIEW 和 GRANT 子句。也就是说用户可以在创建模式的同时在这个模式定义中进一步创建基本表、视图、定义授权。即

CREATE SCHEMA<模式名>AUTHORIZATION<用户名>[<表定义子句>|<视图定义子句>]|<授权定义子句>]

[例 4.3]　为用户张虎创建一个模式 TEST，并且在其中定义一个表 TABLE1。

CREATE SCHEMA TEST　 AUTHORIZATION 张虎

　　CREATE TABLE TABLE1（COL1 SMALLINT，

　　　　　　　　COL2 INT

　　　　　　　　COL3 CHAR（20），

　　　　　　　　CIL4 INT）；

2. 模式的删除

在 SQL 中，删除模式语句如下：

DROP SCHEMA<模式名><CASCADE|RESTRICT>；

其中，CASCADE 和 RESTRICT 两者必选其一。选择了 CASCADE（级联），表示在删除模式的同时把该模式中所有的数据库对象全部删除；选择了 RESTRICT（限制），表示如果该模式中已经定义了下属的数据库对象，则拒绝该删除语句的执行。只有当该模式中没有任何下属的对象时才能执行 DROP SCHEMA 语句。

[例 4.4]　DROP SCHEMA　张虎　CASCADE

该语句删除了模式张虎，同时，该模式中已经定义的表 TABLE1 也被删除了。

4.4.3　表的定义、修改、删除

1. 定义基本表

创建了一个模式，就建立了一个数据库的命名空间，一个框架。在这个空间中首先定义的是该模式包含的数据库基本表。

SQL 语言使用 CREATE TABLE 语句定义基本表，其基本格式如下：

CREATE TABLE <表名>（<列名><数据类型>[列级完整性约束条件]

　　　　　　　[，<列名><数据类型>[列级完整性约束条件]]

　　　　　　　…

　　　　　　　[，<表级完整性约束条件>]）；

参数说明如下：

（1）<表名>是所有要定义的基本表的名字。

（2）<列名>是表中所包含的属性的名字。

建表的同时通常还可以定义与该表有关的完整性约束条件，这些完整性约束条件被存入系统的数据字典中，当用户操作时系统会自动检查该操作是否违背这些完整性约束条件。这些约束可以在列级定义也可以在表级定义。

注意一般在计算机中见到程序被"[　]"括着，表示该内容是可以选的项。常用到的完整性约束有以下几种。

1）主键约束

定义主键的语法格式为

Primary Key [（<列名>[，…n]）]

如果在列级完整性约束处定义单列的主键，则可省略方括号中的内容。

2）外键约束

大多数情况下，外键都是单列的，它可以定义在列级也可以定义在表级。定义格式为

[FOREIGN KEY（<列名>）] REFERENCES <列表名>（<外表列名>）

如果是在列级完整性约束处定义外键，则可以省略"FOREIGN KEY（<列名>）"部分。

3）唯一值约束

唯一值约束用于限制一个列的取值不重复，或者是多个列的组合取值不重复。这个约束用在事实上具有唯一的属性列上，如每个人的身份证号码、驾驶证号码等均不能有

重复值。定义 UNIQUE 约束时注意如下事项。

（1）有 UNIQUE 约束的列允许有一个空值。

（2）在一个表中可以定义多个 UNIQUE 约束。

（3）可以在一列或多列上定义 UNIQUE 约束。

定义唯一值约束的语法格式为

UNIQUE[（<列名>[, ...n]）]

如果在列级完整性约束处定义单列的唯一值约束，则可省略方括号中的内容。

4）默认值约束

默认值约束用 DEFAULT 约束来实现，用于提供列的默认值，即当在表中插入数据时，如果没有唯一 DEFAULT 约束的列提供值，则系统自动使用 DEFAULT 约束定义的默认值。

一个默认值约束只能为一个列提供默认值，且默认值约束必须是列级约束。默认值约束的定义有两种形式：一种是在定义表时指定默认值约束；另一种是在修改表结构时添加默认值约束。

基本语法格式为：

（1）在创建表时定义默认约束的方法，如：

DEFAULT 常量表达式

（2）在已经创建好的表添加 DEFAULT 约束，如：

DEFAULT 常量表达式   FOR 列名

5）列取值范围约束

限制列取值范围用 CHECK 约束实现，该约束用于限制列的取值在指定范围内，即约束列的取值符合应用语义。例如，人的性别只能是"男"或"女"，工资必须大于 2000（假定最低工资为 2000）。需要注意的是，CHECK 限制的列必须在同一个表中。

定义 CHECK 约束的语法格式为

CHECK（逻辑表达式）

[例 4.5] 建立一个学生表，表中包含学号、姓名、性别、年龄、系部。

Create table 学生

（学号 Char（9）Primary Key,

姓名 Char（8）unique,

性别 Char（2）check（性别='男' or 性别='女'）,

年龄 smallint,

系部 char（20））

执行以上语句之后会在数据库中创建一个空的"学生"表，表中一共有 5 列，其中学号是主键，姓名是唯一的，性别不能为空，这些都是约束。

[例 4.6] 建立一个课程表"课程"。

Create table 课程

（课号 Char（4）Primary Key,

课程名 Char（40）not null,

先行课 Char（4）,

学分 int   default 学分=4,

Foreign Key（先行课）references 课程（先行课））

注意的是参照表和被参照表可以是同一个表。

[例 4.7]　建立学生选课表"选课"。

Create table　选课

（学号　Char（9），

课号　Char（4），

成绩　int，

Primary Key（学号，课号）

Foreign Key（学号）references 学生（学号），

Foreign Key（课号）referenceS 课程（课号））

2. 修改表结构

在定义基本表后，如果根据需要有变化，可以修改表的结构，增加列，修改字段类型长度等。可以使用 ALTER TABLE 语句实现。ALTER TABLE 语句可以对表添加列、删除列、修改列的定义，也可以添加和删除约束。

ALTER TABLE [<架构名>.]<表名>

{ALTER COLUMN<列名><新数据类型>　　　　——修改列的定义

|ADD <列名> <数据类型>[约束]　　　　　　——添加新列

|DROP COLUMN <列名>　　　　　　　　　　——删除列

|ADD [constraint<约束名>]约束定义　　　　——添加约束

|DROP <约束名>　　　　　　　　　　　　　——删除约束

}

[例 4.8]　为学生表添加电话列，列名为电话，数据类型为 char，允许为空。

ALTER TABLE　学生表

ADD　电话　Char（11）

[例 4.9]　将学生表中电话列修改为 NVCHAR（15）类型。

ALTER TABLE　学生表

ALTER COLUMN　电话　NVCHAR（15）

[例 4.10]　删除学生表中列电话。

ALTER TABLE　学生表

DROP COLUMN　电话

[例 4.11]　为成绩表中添加约束：成绩大于等于 0，小于等于 100。

ALTER TABLE　成绩表

ADD CHECK（成绩>=0and　成绩<=100）

3. 删除表

DROP TABLE <表名>{，<表名>}

[例 4.12]　删除学生表。

DROP TABLE　学生表

4.5　索　引

4.5.1　索引概述

索引是一种可以加快检索的数据结构，它包含从表或视图的一列或多列生成的键，以及映射到指定数据存储位置的指针。通过创建设计良好的索引，可以显著提高数据库查询和应用程序的性能。从某种程度上说，可以把数据库看作一本书，索引看作书的目录，借助目录查询内容非常方便快捷。除提高检索速度以外，索引还可以强制表中的行具有唯一性，从而确保数据的完整性。

4.5.2　索引的类型

在 SQL Server 2008 中，有两种基本类型的索引：聚集索引和非聚集索引。除此之外，还有唯一索引、视图索引和全文索引等。

1. 聚集索引

在聚集索引中，表中行的物理存储顺序与索引的逻辑顺序相同。由于真正的物理存储只有一个，因此，一个表只能包含一个聚集索引。创建或修改聚集索引可能会非常耗时，因为要根据索引键的逻辑值重新调整物理存储顺序。

在 SQL Server 2008 中创建 PRIMARY KEY 约束时，如果不存在该表的聚集索引且未指定唯一非聚集索引，则自动对 PRIMARY KEY 涉及的列创建唯一聚集索引。在添加 UNQUE 约束时，默认将创建唯一非聚集索引。如果不存在该表的聚集索引，可以指定唯一聚集索引。

在以下情况下，可以考虑使用聚集索引。

（1）包含有限数量的唯一值的列，如仅仅包含 100 个唯一状态码的列。

（2）使用 BETWEEN、>= 、>、<和<=这样的运算符返回某个范围值的查询。

（3）返回大型结果集的查询。

2. 非聚集索引

非聚集索引与聚集索引具有相似的索引结构。不同的是，非聚集索引不影响数据行的物理存储顺序，数据行的物理存储顺序与索引键的逻辑顺序并不一致。每个表可以有多个非聚集索引，而不像聚集索引那样只能有一个。在 SQL Server 2008 中每个表可以创建最多 249 个非聚集索引，其中包括 PRIMARY KEY 或者 UNIQUE 约束创建的索引，但不包括 XML 索引。

与聚集索引一样，非聚集索引也可以提升数据库的查询速度，但也会降低插入和更新数据的速度。当更改包含非聚集索引的表数据时，DBMS 必须同步更新索引。如果一个表需要频繁地更新数据，不应对它建立太多的非聚集索引。由于磁盘空间有限，也要限制非聚集索引的数量。

3. 唯一索引

唯一索引能够保证索引键中不包含重复的值，从而使表中的每一行在某种方式上具有唯一性。只有当唯一性是数据本身的特征时，指定唯一索引才有意义。聚集索引和非聚集索引都可以是唯一的，可以为同一个表创建一个唯一聚集索引和多个唯一非聚集索引。

4. 视图索引

视图是个虚拟表，只有结构没有内容，内容从基本表里导出来。视图与基本表相同，也是由行和列构成的。在 SQL 语句中使用视图和使用基本表的方式相同。标准视图的结果集不是永久地存储在数据库中。每次查询引用标准视图时，SQL Server 会在内部将视图的定义替换为该查询，直到修改后的查询仅引用基本表。

5. 全文索引

全文索引是目前搜索引擎的关键技术之一，想在 1PB 大小的文件中搜索一个词，可能需要几百秒，那么如何快速搜索呢？这就要建立全文索引。全文索引技术也称为倒排文档技术。其原理是先定义一个词库为目录的索引，这样查找某个词的时候就能很快地定位到该词出现的位置。

4.5.3　创建索引

在 SQL 语言中，建立索引使用 CREATE INDEX 语句，其一般格式为
CREATE　[UNIQUE]　[CLUSTER]　INDEX <索引名>
ON <表名>（<列名>[<次序>][<列名>[<次序>]...）；
其中，<表名>是要建立索引的基本表的名字。索引可以建立在该表的一列或者多列上，各列名之间用逗号分开。每个<列名>后面还可以用<次序>指定索引值的排列次序，可选 ASC（升序）或 DESC（降序），默认值为 ASC。
UNIQUE 表明此索引的每一个索引值只能对应唯一的数据记录。
CLUSTER 表示要建立的索引是聚集索引。
[例 4.13]　为学生表的学号建立唯一索引。
CREATE UNIQUE INDEX STNO ON 学生表（学号）

4.5.4　修改索引

对于已经建立的索引，如果需要对其重命名，可以使用 ALTER INDEX 语句。其一般格式为
ALTER INDEX <旧索引名>RENAME TO <新索引名>
[例 4.14]　将学生表的 STNO 索引改名为 STNOINDEX。
ALTER INDEX STNO RENAME TO STNOINDEX

4.5.5　删除索引

索引一旦建立好，由系统使用和维护，不需要用户干预。建立索引是为了减少查询操作的时间，但如果数据增加、删除、修改频繁，系统会花费许多时间来维护索引，从而降低了查询的效率。这时可以删除一些不必要的索引。

在 SQL 中，删除索引使用 DROP INDEX 语句，其一般格式为

DROP INDEX <索引名>

[例 4.15]　删除学生表的 STNO 索引。

DROP　INDEX　STNO

删除索引时，系统会同时从数据字典中删除有关该索引的描述。

4.6　数　据　查　询

数据查询是数据库的核心操作。SQL 提供了 SELECT 语句进行数据查询，该语句具有灵活的使用方式和丰富的功能。其一般格式为

SELECT [ALL|DISTINCT]<目标列表达式>[, <目标列表达式>]...

FROM <表名或视图名>[, <表名或视图名>...]|（<SELECT 语句>）[AS]<别名>

[WHERE <条件表达式>]

[GROUP BY <列名 1>[HAVING<条件表达式>]]

[ORDER BY <列名 2>[ASC|DESC]];

整个 SELECT 语句的含义是，根据 WHERE 子句的条件表达式从 FROM 子句指定的基本表、视图或派生表中找出满足条件的元组，再按 SELECT 子句中的目标列表达式选出元组中的属性值形成结果表。

如果有 GROUP BY 子句，则将结果按<列名 1>的值进行分组，该属性列值相等的元组为一个组。通常会把每组作为聚集函数。如果 GROUP BY 子句带 HAVING 短语则只有满足指定条件的组才予以输出。

如果有 ORDER BY 子句，则结果表还要按<列名 2>的值的升序或降序排序。

SELECT 语句既可以完成简单的单表查询，也可以完成复杂的连接查询和嵌套查询。

4.6.1　单表查询

单表查询是指仅涉及一个表的查询。

1. 选择表中的若干列

选择表中的全部或者部分列即关系代数中的投影运算。

[例 4.16]　查询全体学生的学号、姓名、性别。

SELECT 学号，姓名，性别 FROM 学生表

查询结果为

学号	姓名	性别
S001	张华	女
S003	李淼	女
S004	王强强	男
S009	郝楠楠	女

[例 4.17]　查询学生表中所有信息。

SELECT * FROM 学生表

注意："*"代表学生表中的所有列，而不必逐一列出。

[例 4.18]　查询选修了课程的学生的学号。

SELECT DISTINCT 学号 FROM 成绩表

查询结果：

学号
S001
S002
S003
S004

使用 DISTINCT 可以去掉查询结果中的重复值。

[例 4.19]　查询学生表中所有同学的学号、姓名和性别。

SELELCT 学号，姓名，性别 FROM 学生表

或

SELECT 学号 AS XH，姓名 AS SN，性别 AS SEX FROM 学生表

查询结果：

学号	姓名	性别
S001	张山	男
S002	李梅	女
S003	张萍萍	女
S004	赵鹏鹏	男

注意：XH 为学号的别名，SN 为姓名的别名，SEX 为性别的别名。另外列的顺序，主要依据 SELECT 后面列的次序，与表的实际列顺序无关。

[例 4.20]　查询所有同学的姓名及出生年份。

SELELCT 姓名，2017-年龄 AS 出生年月 FROM 学生表

姓名	出生年份
王华	1991
刘宁	1994
赵勇	1996
孔青	1994

2. 选择表中的若干元组

1）消除取值重复的行

两个本来并不完全相同的元组在投影到指定的某些列上后，可能会变成相同的行，并可以用 DISTINCT 消除它们。

[例 4.21]　查询选修了课程的学生学号。

SELECT　学号　FROM　成绩表

执行结果为

学号
S001
S001
S002
S003
S003
S004

该查询结果中包含了很多重复的行。如果想去掉结果中的重复行，必须指定 DISTINCT。

SELECT DISTINCT　学号　　FROM　　成绩表

执行结果为

学号
S001
S002
S003
S004

2）查询带条件的元组

当要在表中找出满足某些条件的行时，则需使用 WHERE 子句指定查询条件。WHERE 子句中，条件通常通过三部分来描述。

（1）列名。

（2）比较运算符。

（3）列名、常数。

常用的比较运算符如表 4-10 所示。

表 4-10　常用的比较运算符

运算符	含义
=、＞、＜、>=、<=、!=、＜＞	比较大小
BETWEEN 、AND	确定范围
IN	确定集合
LIKE	字符匹配
IS NULL	空值
AND 、OR 、NOT	多重条件

（1）比较大小。

[例 4.22]　查询性别为男的所有同学姓名、性别。

SELECT 姓名，性别 FROM 学生表 WHERE 性别='男'；

[例 4.23]　查询年龄小于等于 20 岁的同学姓名及年龄。

　SELELCT 姓名，年龄 FROM 学生表 WHERE 年龄<=20；

[例 4.24]　查询考试成绩不及格的学生的学号。

SELECT DISTINCT 学号 FROM 成绩表 WHERE 成绩<60；

DISTINCT 的作用是如果一个学生有多门课程不及格时，显示一次学号。

（2）确定范围。谓词 BETWEEN…AND…和 NOT BETWEEN…AND…可以用来查找属性值在（或不在）指定范围内的元组，其中 BETWEEN 后是范围的下限（低值），AND 后是范围的上限（高值）。

[例 4.25]　查询年龄在 20～23 岁（不包含 20 岁和 23 岁）的学生的姓名、性别和年龄。

SELECT 姓名，性别，年龄 FROM 学生表

WHERE 年龄 NOT BETWEEN 20 AND 23；

上面语句等价于：

SELECT 姓名，性别，年龄　FROM 学生表

WHERE 年<=20 AND 年龄>=23；

[例 4.26]　查询年龄在 20～23 岁，包含 20 岁和 23 岁的所有学生的信息。

SELECT * FROM 学生表 WHERE 年龄 BETWEEN 20 AND 23；

以上语句等价于：

SELECT * FROM 学生表 WHERE 年龄>=20 AND 年龄<=23；

（3）确定集合。谓词 IN 可以用来查找属性值属于指定集合的元组。

[例 4.27]　查询籍贯是西安、北京、上海三个城市的学生。

SELECT * FROM 学生表　WHERE 籍贯 IN（'西安'，'北京'，'上海'）；

与 IN 相对的谓词有 NOT IN，用于查找属性值不属于指定集合的元组。

[例 4.28]　查询不是西安、上海、北京三个城市的同学信息。

SELECT * FROM 学生表　WHERE 籍贯 NOT IN（'西安'，'北京'，'上海'）；

（4）字符匹配。谓词 LIKE 可以用来进行字符串的匹配。其一般语法格式如下：

[NOT]LIKE '<匹配串>'[ESCAPE'<换码字符>']

其含义是查找指定的属性列值与<匹配串>相匹配的元组。<匹配串>可以是一个完整的字符串，也可以含有通配符%和—。其中，

"%"符合任意长度字符，长度可以为零。

"—"下画线代表单个字符。

[例 4.29]　查询所有姓张的学生信息。

SELECT * FROM 学生表 WHERE 姓名 LIKE '张%'；

[例 4.30]　查询所有姓张且名字为一个字的学生信息。

SELECT * FROM 学生表 WHERE 姓名 LIKE '张__'；

[例 4.31]　查询所有不姓张的学生信息。

SELECT * FROM 学生表 WHERE 姓名 NOT LIKE '张%';

如果用户要查询的字符串本身就含有通配符%和—，这时就要使用 ESCAPE '<换码字符>' 短语对通配符进行转义了。

[例 4.32] 查询课程名为 DB_Design 的课号和学分。

SELECT 课号，学分 FROM 课程表

WHERE 课程名 LIKE 'DB_Design' ESCAPE '\';

ESCAPE '\' 表示"\"为换码字符。这样匹配串中紧跟在"\"后面的字符"—"不再具有通配符的含义，转义为普通的"—"字符。

（5）空值的查询。

[例 4.33] 查询缺考的所有记录。

SELECT * FROM 成绩表 WHERE 成绩 IS NULL;

[例 4.34] 查询有成绩的记录。

SELECT * FROM 成绩表 WHERE 成绩 IS NOT NULL;

注意：这里的空值条件为 Score IS NULL，不能写成 Score=NULL。

（6）多重条件查询。逻辑运算符 AND 和 OR 可以用来连接多个查询条件。AND 的优先级高于 OR，但用户可以用括号改变优先级。

[例 4.35] 查询信息工程学院年龄在 20 岁以上的学生信息。

SELECT * FROM 学生表 WHERE 系部='信息工程学院' AND 年龄>20;

[例 4.36] 查询性别为男且籍贯不在陕西的同学信息。

SELECT * FROM 学生表 WHERE 性别='男' AND 籍贯！='陕西';

4.6.2 常用库函数及统计汇总查询

SQL 提供了许多库函数，增加了基本检索能力。常用的库函数及其功能如表 4-11 所示。

表 4-11 常用的库函数及其功能

函数名称	功能
AVG	按列计算平均值
SUM	按列计算值的总和
MAX	求一列中的最大值
MIN	求一列中的最小值
COUNT	按列值统计个数

[例 4.37] 求学号为 S001 的学生的总分和平均分。

SELECT SUM（分数）AS 总分，AVG（分数）AS 平均分 FROM

成绩表 WHERE 学号='S001'

查询结果为

总分	平均分
179	87.3

注意：函数 SUM 和 AVG 只能对数值型字段进行计算。

[例 4.38]　查询计算机成绩中的最高分、最低分以及有成绩同学的人数。

SELECT MAX（成绩）AS 最高分，MIN（成绩） AS 最低分，COUNT（成绩） FROM 成绩表　WHERE　课程名='计算机'；

注意：统计有成绩的同学个数，这里 0 分也是有成绩的。没有成绩应该是空着的。

[例 4.39]　查询信息工程学院学生总人数。

SELECT COUNT（*）FROM 学生表　WHERE　系部='信息工程学院'；

[例 4.40]　在学生表中查询学校一共有多少个二级学院。

SELECT COUNT（DISTINCT 系部）AS 二级学院个数　 FROM 学生表

注意：加入关键字 DISTINCT 后表示消去重复行，可以计算字段系部不同值的数目。COUNT 函数对空值不计算，但对 0 进行计算。

注意：WHERE 子句中不能使用聚集函数作为条件表达式。

4.6.3　分组查询

GROUP BY 子句可以将查询结果按属性列或属性组合在行的方向上进行分组，每组在属性列或属性列组合上具有相同的值。

[例 4.41]　求各个课程号及相应的选课人数。

SELECT 课程号，COUNT（学号）FROM 选课表

GROUP BY 课程号

该语句按照课程号进行分组，然后利用 COUNT 函数对选课人数进行统计。

查询结果为

课程号	人数
C1	20
E2	25
E3	18

如果分组后还要按一定的条件对这些组进行筛选，最终只输出满足指定条件的组，则可以使用 HAVING 短语指定筛选条件。

[例 4.42]　查询选修了三门以上课程的学生学号。

SELECT 学号 FROM 选课表

GROUP BY 学号

HAVING COUNT（*）>3；

这里先用 GROUP BY 子句按学号进行分组，再用聚集函数 COUNT 对每一组计数；HAVING 短语给出了选择组的条件，满足条件的组才会被选出来。

WHERE 子句与 HAVING 短语的区别在于作用对象不同。WHERE 子句作用于基本表或视图，从中选择满足条件的元组。HAVING 短语作用于组，从中选择满足条件的组。

4.6.4　查询排序

当需要对查询结果进行排序时，应该使用 ORDER BY 子句，ORDER BY 子句必须出现在其他子句后。排序方式可以指定也可以不指定，不指定为默认值升序。指定排序，升序使用 ASC，降序使用 DESC。

[例 4.43]　查询选修了 E1 课程的学生学号和成绩，并按成绩降序排列。

SELECT 学号，成绩 FROM 学生选课表 WHERE（课号='E1'）ORDER　BY　成绩　DESC

[例 4.44]　将学生表中年龄由小到大排序，并查询出年龄较小的前 10 名同学。

SELECT TOP（10）　*　FROM 学生表 ORDER BY 年龄 ASC；

这里 TOP 是最前面的意思，10 表示前 10 条记录。

4.6.5　连接查询

前面的查询都是针对一个表进行的。若一个查询同时设计两个以上的表，则称为连接查询。连接查询是关系数据库中最主要的查询，包括等值与非等值连接查询、自身连接查询、外连接查询和多表连接查询。

1. 等值与非等值连接查询

连接查询的 WHERE 子句中用来连接两个表的条件称为连接条件或连接谓词，其一般格式为

[<表名 1>.]<列名 1><比较运算符>[<表名 2>.]<列名 2>

其中比较运算符主要有=、 >、 <、 >=、 <=、 !=（或<>）等。

此外连接谓词还可以使用下面形式。

[<表名 1>.]<列名 1>BETWEEN[<表名 2>.]<列名 2>AND[<表名 2>.]<列名 3>

当连接运算符为"="时，称为等值连接。使用其他运算符称为非等值连接。

连接谓词中的列名称为连接字段。连接条件中的各连接字段类型必须是可比的，但名字不必相同。

[例 4.45]　查询每个学生姓名及选课情况。

SELECT 学生表.姓名，选课表.* FROM 学生表，选课表 WHERE

学生表.学号=选课表.学号；

查询结果为

姓名	学号	课号	成绩
张三	S001	E1	80
李四	S002	E2	90

若在等值连接的基础上，去掉目标结果中的重复列（属性）称为自然连接。

[例 4.46]　查询学生表及选课表中的所有列。

SELECT 学生表.*，选课表.* FROM 学生表，选课表

这里需要注意的是表名.属性名.中 "." 的意思是所属关系。如果一个表中没有相同的属性，那么不需要声明属性的所属，所以不需要用 "·"，如果有相同的列，如学生表中的学号与选课表中的学号，这时就得使用 "." 进行区分。

[例 4.45]的自然连接结果为 SELECT　学生表.学号，姓名，性别，年龄，籍贯，课程号，学分　FROM　学生表，选课表　　WHERE　学生表.学号=选课表.学号

2. 自身连接查询

两个表之间能够进行连接，一个表与自身也可以进行连接，称为自身连接。

[例 4.47]　查询所有比张强工资高的教师姓名、工资和张强的工资。

要查询的内容都在同一个表中，可以将工资表分别取两个别名，一个是 X，一个是 Y。

SELECT X.姓名，X.工资 AS A，Y.工资 AS B FROM 工资 AS A，工资 AS B WHERE X.A>Y.A AND Y.姓名='张强'

3. 外连接查询

在通常的连接操作中，只有满足连接条件的元组才能作为结果输出。而在外连接中，参加连接的表是有主次之分的。以主表的每行数据去匹配从表的数据列。符合连接条件的数据将直接返回到结果集中，对那些不符合连接条件的列，将被填上 NULL 值后再返回到结果集中。

外部连接分为左外连接和右外连接两种，以主表所在的方向区分外部连接，主表在左边则称为左外部连接，主表在右边则称为右外部连接。

[例 4.48]　查询所有学生的学号、姓名、选课名称及成绩。

SELECT　学生表.学号，学生表.姓名，选课表.课程名，选课表.成绩

FROM　学生表　LEFT　OUTER　JOIN　选课表　ON　学生表.学号=选课表.学号　LEFT OUTER JOIN　成绩表　ON　成绩表.课号=学生表.课号；

[例 4.49]　将 [例 4.48]采用右外连接。

SELECT 学生表.学号，学生表.姓名，选课表.课程名，选课表.成绩

FROM 学生表 RIGHT OUTER JOIN　选课表 ON 学生表.学号=选课表.学号

左外连接又称左连接，右外连接又称右连接。左连接以左表为基准，右连接以右表为基准，分别进行映射。

4. 多表连接查询

连接操作除了可以是两个表连接、一个表与自身连接外，还可以是两个以上的表进行连接。后者通常称为多表连接。

[例 4.50]　查询每个学生的学号、姓名、选修的课程名及成绩。

本查询涉及三个表，完成该查询的 SQL 语句如下：

SELECT 学生表.学号，姓名，课程名，成绩 FROM　学生表，选课表，成绩表　WHERE 学生表.学号=选课表.学号 AND 选课表.课程号=成绩表.课程号；

关系数据库管理系统在执行多表连接时，通常是先进行两个表的连接操作，再将其连接结果与第三个表进行连接。本例的一种可能的执行方式是，先将学生表与选课表进行连接，得到每个学生的学号、姓名、所选的课程号，然后通过课程号连接成绩表，通

过课号找成绩，最后得到结果。

4.6.6 嵌套查询

在 SQL 语言中，一个 SELECT-FROM-WHERE 语句称为一个查询块。将一个查询块嵌套在另一个查询块的 WHERE 子句或 HAVING 短语的条件中的查询称为嵌套查询。

SQL 语言允许多层嵌套查询，即一个子查询中还可以嵌套其他子查询。需要特别指出的是，子查询的 SELECT 语句中不能使用 ORDER BY 子句，ORDER BY 子句只能对最终的查询结果进行排序。

1. 带 IN 谓词的子查询

在嵌套查询中，子查询的结果往往是一个集合，所以谓词 IN 是嵌套查询中最经常使用的谓词。

[例 4.51] 查询与谷晨晨同学在一个二级学院的同学。

SELECT * FROM 学生表 WHERE 系部 IN（SELECT 系部 FROM 学生表 WHERE 姓名='谷晨晨'）

该语句相当于两条语句：

SELECT 系部 FROM 学生表 WHERE 姓名='谷晨晨'；

通过谷晨晨找到所在的系部信息工程学院，通过信息工程学院找其他同学。

SELECT * FROM 学生表 WHERE 系部='信息工程学院'；

通过上面的例子我们就会知道，实现同一个查询，可以有多种写法，当然效率不同，有的执行效率比较高，有的执行效率比较低，甚至很糟糕。所以我们在写 SQL 语句时要选择执行效率高的，这是个技巧。

2. 带有比较运算符的子查询

带有比较运算符的子查询是指父查询与子查询之间用比较运算符进行连接。当用户能确切知道内层查询返回的是单个值时，可以用>、<、>=、<=、!=或< >等比较运算符。

注意：比较运算符后边的子查询结果必须是单个值，不能是一个集合。如果是一个集合则使用 IN。

[例 4.52] 查询与刘伟同学籍贯相同的学生信息。

SELECT * FROM 学生表 WHERE 籍贯=（SELECT 籍贯 FROM 学生表 WHERE 姓名='刘伟'）

3. 带有 ANY（SOME）或 ALL 谓词的子查询

子查询返回单值时可以用比较运算符，但返回多值时要用 ANY 或 ALL 谓词。而使用 ANY 或 ALL 谓词时则必须同时使用比较运算符，其语义如下所示。

>ANY 大于子查询结果中的某个值。

>ALL 大于子查询结果中的所有值。

<ANY 小于子查询结果中的某个值。

<ALL 小于子查询结果中的所有值。

>=ANY 大于等于子查询结果中的某个值。

>=ALL 大于等于子查询结果中的所有值。

<=ANY 小于等于子查询结果中的某个值。

<=ALL 小于等于子查询结果中的所有值。

=ANY 等于子查询结果中的某个值。

=ALL 等于子查询结果中的所有值（通常没有实际意义）。

！=ANY 不等于子查询结果中的某个值。

!=ALL 不等于子查询结果中的任何一个值。

[例 4.53] 查询非信息工程学院中比信息工程学院任意一个学生年龄小的学生姓名和年龄。

SELECT 姓名，年龄 FROM 学生表 WHERE 年龄<ANY（SELECT 年龄 FROM 学生表 WHERE 系部=‘信息工程学院’）AND 系部<>‘信息工程学院’

结果如下：

姓名	年龄
王欢	18
张少飞	19

4. 带有 EXISTS 谓词的子查询

EXISTS 代表存在的意思。带 EXISTS 谓词的子查询不返回任何数据，只产生逻辑真值"TRUE"或者"FALSE"。

[例 4.54] 查询所有选修了 1 号课程的学生姓名。

本查询涉及学生表和选课表。可以在学生表中依次取每个元组的学号值，用此值去检查选课表。若选课表中存在这样的元组，其学号值等于此学生表.学号值，并且其课程号=‘1’，则取此学生表.姓名入送结果表。将此想法写成 SQL 语句是

SELECT 姓名 FROM 学生表

WHERE EXISTS（SELECT * FROM 选课表 WHERE 学号=学生表.学号 AND 课程号=‘1’）；

使用存在量词 EXISTS 后，若内层查询结果非空，则外层的 WHERE 子句返回真值，否则返回假值。

与 EXISTS 相反的是 NOT EXISTS 不存在。

[例 4.55] 查询没有选修 1 号课程的学生姓名。

SELECT 姓名 FROM 学生表

WHERE NOT EXISTS（SELECT * FROM 选课表 WHERE 学号=学生表.学号 AND 课程号=‘1’）；

5. 合并查询

合并查询是使用 UNION 操作符将来自不同查询的数据组合起来，形成一个具有综合信息的查询结果。UNION 操作会自动将重复的数据行剔除。必须注意的是，参加合并查询的各个子查询所使用的表结构应该相同，即各子查询中的数据数目和对应的数据类型都必须相同。

[例 4.56]　从成绩表中查询出学号为 S001 同学的学号和总分,再从成绩表中查询学号为 S002 的同学的学号和总分,然后将两个查询结果合并成一个结果集。

SELECT 学号,SUM(成绩)AS 总分 FROM 成绩表

WHERE　学号='S001'

UNION

SELECT 学号,SUM(成绩)AS 总分 FROM 成绩表

WHERE 学号='S002'

6. 存储查询结果到表中

使用 SELECT...INTO 语句可以将查询结果存储到一个新建的数据库表或临时表中。

[例 4.57]　从选课表中查询出所有同学的学号和总分,并将查询结果存放到一个新的数据表新选课表。

SELECT 学号,SUM(成绩)AS 总分

INTO 新选课表

FROM 选课表

GROUP BY 学号

如果在本例中,将 INTO 选课表改为 INTO #选课表,则查询的结果被存放到一个临时表中,临时表只存储在内存中,并不存储在数据库中,所以其存在的时间非常短。

4.7　数 据 更 新

数据更新操作有三种:向表中添加若干行数据、修改表中的数据和删除表中的若干行数据。在 SQL 中有相应的三类语句。

4.7.1　插入数据

SQL 的数据插入语句 INSERT 通常有两种形式:一种是插入一个元组,另一种是插入子查询结果。后者可以一次插入多个元组。

1. 插入元组

插入元组的 INSERT 语句的格式为

INSERT INTO<表名>[(<属性列 1>[, <属性列 2>]...)]

VALUES（<常量 1>[, <常量 2>]...）;

其功能是将新元组插入指定表中。其中新元组的属性列 1 的值为常量 1,属性列 2 的值为常量 2,以此类推。INTO 子句中没有出现的属性列,新元组在这些列上将取空值。但必须注意的是,在表定义时说明了 NOT NULL 的属性列不能取空值,否则会出错。

如果 INTO 子句中没有指明任何属性列名,则新插入的元组必须在每个属性列上均有值。

[例 4.58]　在学生表中插入一个新的元组（S001,张山,男,18,陕西咸阳）

INSERT INTO 学生表（学号，姓名，性别，年龄，籍贯）

VALUES（'S001'，'张山'，'男'，18，'陕西咸阳'）；

注意： 表名后边的属性列表可以省略，省略表示表中的所有列。属性对应的值单引号引起来的表示字符型。列的属性与其对应的值类型必须一致。

[例 4.59]　在学生表中插入一个元组（S002，刘三，女，20，陕西西安）

INSERT INTO 学生表 VALUES（'S002'，'刘三'，'女'，20，'陕西西安'）

[例 4.59]中学生表后边省略了属性列表，默认为学生表中的所有列或所有属性。

[例 4.60]　在成绩表中插入记录（S003，E1）。

INSERT INTO 成绩表 VALUES（'S003'，'E1'）

成绩表中属性成绩值没有插入，会自动插入 NULL。

上面语句等价于：

INSERT INTO 成绩表 VALUES（'S003'，'E1'，NULL）；

2. 插入子查询结果

为了快速将查询结果输入新表中，常将查询结果整个临时表插入新表中。

基本格式：INSERT INTO<表名>[（<属性列 1>[，<属性列 2>]...）]

子查询；

[例 4.61]　对学生表按二级学院求平均年龄，并把结果插入学生表 2 中。

INSERT INTO 学生表 2　SELECT 学号，AVG（年龄）

FROM 学生表

GROUP BY 系部

4.7.2　修改数据

修改操作又称为更新操作，一般指表中内容的变化，其格式为

UPDATE<表名>

SET<列名>=<表达式>[，<列名>=<表达式>]...

[WHERE<条件>]；

其功能是修改指定表中满足 WHERE 子句条件的元组。其中 SET 子句给出<表达式>的值用于取代相应的属性列值。如果 WHERE 省略，则表示要修改表中全部元组。

1. 修改多条记录的值

修改某多条记录的值，一般要符合某种条件。

[例 4.62]　将学生表中所有女同学学号前面加个字母 T。

UPDATE 学生表

SET 学号='T'+学号

WHERE 性别='女'；

[例 4.63]　给陕西服装工程学院所有教师工资上涨 1000 元。

UPDATE 工资表

SET 工资=工资+1000；

修改所有的记录，可以不带 WHERE 子句。

2. 修改某一条记录的值

[例 4.64]　将学生张华的年龄增加 2 岁。

UPDATE　学生表

SET　年龄=年龄+2

WHERE　姓名='张华'；

3. 带子查询的修改语句

[例 4.65]　将经济管理学院全体学生的成绩置零。

UPDATE　成绩表

SET　成绩=0

WHERE　学号　IN（SELECT　学号　FROM　学生表　WHERE　系部='经济管理学院'）。

4.7.3　删除数据

删除数据的一般格式为

DELETE　FROM < 表名> 　[WHERE<条件>]；

DELETE 语句的功能是从指定的表中删除满足 WHERE 子句条件的所有元组。如果省略 WHERE 子句，则表示删除表中全部元组，但表的定义仍在字典中。也就是说，DELETE 语句删除的是表中的数据，而不是关于表的定义。

1. 删除一个元组或一条记录

[例 4.66]　删除学号为 "S002" 的学生记录。

DELETE FROM　学生表　WHERE　学号='S002'

2. 删除多条记录或元组

[例 4.67]　删除学生表中的所有记录。

DELETE FROM　学生表

注意：这时表中的所有记录都被删除，表成为空表。

[例 4.68]　删除学生表中籍贯是陕西咸阳的学生信息。

DELETE FROM　学生表　WHERE　籍贯='陕西咸阳'

3. 带子查询的删除语句

子查询同样也可以嵌套在 DELETE 语句中，用以构造执行删除操作的条件。

[例 4.69]　删除信息工程学院所有学生的选课记录。

DELETE FROM　选课表　WHERE　学号　IN（SELECT　学号　FROM　学生表　WHERE　系部='信息工程学院'）；

注意：在日常学习中同学们经常会在 DELETE 后边加上*或者属性名，这是错误的。在 DELETE 与 FROM 之间根本不用加属性列表，要与 SELECT 区别。删除内容使用

DELETE 语句。删除表的结构使用 DROP 语句。

4.8　空　　值

前面已经多处使用过空值 NULL，所谓空值就是"不知道"或"不存在"或"无意义"的值。SQL 语句中允许某些元组的某些属性在一定情况下取空值。一般有以下几种情况。

（1）该属性应该有个值，但目前不知道它的具体值。例如，学生表学生的电话属性，因为填漏了，暂时取 NULL。

（2）该属性不应该有值。考生考试缺考，成绩为空，因为没有参加考试。

（3）由于某种原因不便于填写。例如，一个人的电话号码不想让大家知道，则取空值。

因此空值是比较特殊的值，具有不确定性。判断一个属性的值是否为空值，用 IS NULL 或者 IS NOT NULL 来表示。

[例 4.70]　查询没有参加考试的同学信息。

SELECT * FROM 成绩表 WHERE 成绩 IS NULL;

[例 4.71]　将学生表中学生学号为 S005 的学生所属系部改为空值。

UPDATE 学生表

SET 系部=NULL

WHERE 学号='S005'

注意：空值和零空格的区别。空值就是没有，不确定。空格占字符，零也占字符。

4.9　视　　图

视图是从一个或几个基本表（或视图）中导出的表。它与基本表不同，是一个虚拟表。数据库中只存放视图，而不存放视图对应的数据，这些数据仍存放在原来的基本表中。所以一旦基本表中的数据发生变化，从视图中查询出的数据也就随之变化。从这个意义上讲，视图就像一个窗口，透过它可以看到数据库中自己感兴趣的数据及其变化。

视图一经定义，就可以和基本表一样被查询、被删除。也可以在一个视图之上再定义新的视图，但对视图的更新操作则有一定的限制。

1. 建立视图

SQL 语言用 CREATE VIEW 命令建立视图，其一般格式为

CREATE VIEW <视图名>[（<列名>[, <列名>]...）]

　　AS<子查询>

　　[WITH CHECK OPTION];

其中，子查询可以是任意的 SELECT 语句，是否可以含有 ORDER BY 子句和 DISTINCT 短语，则取决于具体系统的实现。

WITH CHECK OPTION 表示对视图进行 UPDATE、INSERT 和 DELETE 操作时要保证更新、插入或删除的行满足视图定义中的谓词条件。

组成视图的属性列名或者全部省略或者全部指定，没有第三种选择。如果省略了视图的各个属性列名，则隐含该视图由子查询中 SELECT 子句目标列中的诸字段组成。以下三种情况下必须明确指定组成视图的所有列名。

（1）某个目标列不是单纯的属性名，而是聚集函数或列表的字段。

（2）多表连接时选出了几个同名列作为视图的字段。

（3）需要在视图中为某个列启用新的更合适的名字。

[例 4.72]　创建信息工程学院学生视图。

CREATE VIEW　学生视图

AS

SELECT　学号，姓名，性别，年龄，电话，籍贯

FROM　学生表　WHERE　系部='信息工程学院'

[例 4.73]　建立信息工程学院学生的视图，并要求进行修改和插入操作时仍需保证该视图只有信息工程学院的学生。

CREATE VIEW　学生视图

AS

SELECT　学号，姓名，性别，年龄

FROM　学生表

WHERE　系部='信息工程学院'

WITH CHECK OPTION

加入 WITH CHECK OPTION 子句，以后对该视图进行插入、修改和删除操作时，关系数据库管理系统会自动加上系部='信息工程学院'的条件。

视图不仅可以建立在单个基本表上，也可以建立在多个基本表上。

[例 4.74]　建立信息工程学院选修了 1 号课程的学生的视图（包括学号、姓名、成绩）。

CREATE VIEW　学生信息视图

AS

SELECT　学生表.学号，姓名，成绩

FROM　学生表，成绩表

WHERE　系部='信息工程学院' AND　学生表.学号=成绩表.学号　AND　成绩表.课号='1';

视图不仅可以建立在一个或者多个基本表上，也可以建立在一个或多个已定义好的视图上，或建立在基本表与视图上。

[例 4.75]　建立信息工程学院选修了 1 号课程且成绩在 90 分以上的学生的视图。

CREATE VIEW　学生视图 2

AS

SELECT　学号，姓名，成绩

FROM　学生信息视图

WHERE 成绩>=90;

这里的学生视图 2 就是建立在学生信息视图上的视图，属于给视图创建视图。

定义基本表时，为了减少数据库中的冗余数据，表中只存放基本数据，由基本数据经过各种计算派生出的数据一般是不存储的。由于视图中的数据并不实际存储，所以定义视图时可以根据应用的需要设置一些派生属性列。这些派生属性由于在基本表中并不实际存在，也称它们为虚拟列。带虚拟列的视图也称为带表达式的视图。

2. 删除视图

删除视图语句的格式为

DROP VIEW <视图名> [CASCADE];

视图删除后视图的定义将从数据字典中删除。如果该视图上还导出了其他视图，则使用 CASCADE 级联删除语句把该视图和由它导出的所有视图均删除，但是视图的定义并没有从数据字典中清除。删除这些视图定义需要使用 DROP VIEW 语句。

[例 4.76] 删除视图——学生信息视图。

DROP VIEW 学生信息视图;

这里要注意的是：如果视图 1 上还定义了视图 2，那么删除视图 1 之前必须先删除视图 2，否则不能删除正在使用的视图。

3. 查询视图

视图定义后，用户就可以像对基表一样对视图进行查询了。

[例 4.77] 在学生视图中找年龄小于 20 岁的同学。

SELECT 学号，年龄 FROM 学生视图 WHERE 年龄<20;

关系数据库管理系统执行对视图的查询时，首先进行有效性检查，检查查询中涉及的表、视图等是否存在。如果存在，则从数据字典中取出视图的定义，把定义中的子查询和用户的查询结合起来，转换成等价的对基本表的查询，然后再执行修正了的查询。这一过程称为视图消解。

4. 更新视图

更新视图是指通过视图来插入（INSERT）、删除（DELETE）和修改（UPDATE）数据。由于视图是不实际存储数据的虚表，因此对视图的更新最终要转换为对基本表的更新。像查询视图那样，对视图的更新操作也是通过视图消解，转换为对基本表的更新操作。

为了防止用户通过视图对数据进行增加、删除、修改时，有意无意地对不属于视图范围内的基本表数据进行操作，可在定义视图时加上 WITH CHECK OPTION 子句。这样在视图增加、删除、修改数据时，关系数据库管理系统会检查视图定义中的条件，若不满足条件则拒绝执行该操作。

[例 4.78] 将学生视图 2 中学号为 S002 的学生姓名改为"张明"。

UPDATE 学生视图 2
SET 姓名='张明'
WHERE 学号='S002';

转换后的更新语句为

UPDATE　学生表

SET　姓名='张明'

WHERE　学号='S002';

在关系数据库中并不是所有的视图都能更新，因为有些视图的更新不能唯一地有意义地转换成对相应基本表的更新。

5. 视图的作用

视图是一个虚拟表，只有结构没有内容，内容从基本表中导出。那么为什么要建立视图呢？这是因为合理使用视图能够带来许多好处。

1）视图能够简化用户的操作

视图机制使用户可以将注意力集中在所关心的数据上。如果这些数据不是直接来自基本表，则可以通过定义视图使数据库看起来结构简单、清晰，并且可以简化用户的数据查询操作。

2）视图使用户能从多种角度看待同一数据

视图机制能使不同的用户从不同的角度看待同一数据，当许多不同种类的用户共享同一个数据库时，这种灵活性是非常重要的。

3）视图对重构数据库提供了一定程度的逻辑独立性

视图只能在一定程度上提供数据的逻辑独立性，比如由于对视图的更新是有条件的，因此应用程序中修改数据的语句可能仍会因基本表结构的改变而需要做相应的修改。

4）视图能够对数据库中的数据进行安全保护

有了视图机制，就可以在设计数据库应用系统时对不同的用户定义不同的视图，使机密数据不出现在应该看到这些数据的用户视图上。这些视图机制就自动提供了对机密数据的安全保护功能。

4.10　本章小结

SQL 可以分为数据定义、数据查询、数据更新和数据控制四大部分。人们有时把数据更新称为数据操纵，或把数据查询与数据更新合称为数据操纵。本章系统而详细地介绍了数据定义、数据操纵、数据控制。

本章在讲解 SQL 的同时，进一步分析了关系数据库系统的基本概念，使关系数据库的许多概念更加具体、丰富。

SQL 是关系数据库中比较重要的一种语言，称为结构化查询语言。目前大部分数据库管理系统产品都能支持 SQL 语言，该语言类似于自然语言，结构灵活，书写方便。本章中 SQL 的查询语言功能最丰富，使用频率也是最高的，同时也最复杂，读者应该加强实验练习。

习　　题

一、选择题

1. 下列关于 SQL 特点的说法正确的是（　　　）。

　　A. 使用 SQL 访问数据库，用户只需要提出做什么，而无须描述如何实现

　　B. SQL 比较复杂，因此在使用上比较困难

　　C. SQL 可以在数据库管理系统提供的应用程序中执行，也可以在命令行方式下执行

　　D. 使用 SQL 可以完成任何数据库操作

2. 下列功能中，不属于 SQL 功能的是（　　　）。

　　A. 数据库和表的定义功能　　　　　　　B. 数据查询功能

　　C. 数据的增、删、改功能　　　　　　　D. 提供方便的用户操作界面功能

3. 下列说法正确的是（　　　）。

　　A. ALTER 语句是修改表的内容　　　　B. ALTER 语句是修改表的结构

　　C. DELETE 语句是修改表的内容　　　　D. UPDATE 是修改表的结构

4. 下列关于 SQL 语句的说法正确的是（　　　）。

　　A. DROP 是删除表中行的语句

　　B. 可以通过 DROP 命令删除整个表

　　C. 删除整个表格使用 DELETE 命令

　　D. 删除整个表使用的是 DROP 与 DELETE 语句

5. 设某列的类型是 Char（10），存放"数据库"，占用空间的字节数是（　　　）。

　　A. 10　　　　　　B. 20　　　　　　C. 3　　　　　　D. 6

6. 下列取值范围是限制列的范围的是（　　　）。

　　A. PRIMARY KEY　B. CHECK　　　　C. DEFAULT　　　　D. UNIQUE

7. 下列关于视图的说法正确的是（　　　）。

　　A. 视图就是一张表，与基本表没有任何区别

　　B. 视图是一张虚拟表，只有结构没有内容，内容从基本表导出来

　　C. 视图中的数据是不能删除的，一旦定义好不允许删除

　　D. 视图也是一种表，主要是为了数据的安全和使用方便才建立的

8. 下列属于定义语句的是（　　　）。

　　A. CREATE　　　　　B. SELECT　　　　C. DELETE　　　　D. INSERT INTO

9. 下列属于默认约束的是（　　　）。

　　A. DEFAULT　　　　B. CHECK　　　　C. UNIQUE　　　　D. PRIMARY KEY

10. 下列说法正确的是（　　　）。

　　A. GROUP BY 是分组，分组的条件一般使用 WHERE

　　B. GROWTH BY 是分组，分组的条件是 HAVING

　　C. GROP BY 是分组，分组的条件是 HAVING

　　D. 以上说法都不正确

二、填空题

1. 在相关子查询中，子查询的执行次数是由_____决定的。

2. 对包含视图的嵌套查询，先查询_____，再查询_____。

3. 对包含基于集合测试子查询的查询语句，是先执行_____层查询，再执行_____层查询。

4. 集合函数 COUNT（＊）是按_____统计数据个数的。

5. 设 GRADE 列目前有 3 个值：90、80 和 null，则 AVG（GRADE）的值是_____，MAX（GRADE）的值是_____。

6. 设有学生表（学号，姓名，所在系）和选课表（学号，课程号，成绩），现要统计每个系的选课人数。请补全下列语句：

    SELECT 所在系，_____FROM 选课表

    JOIN 学生表　ON 选课表.学号=学生表.学号

    GROUP BY 所在系

7. 设有选课表（学号，课程号，成绩），现要查询考试成绩最高的三个学生的学号、课程号和成绩，包括并列情况。请补全下列语句：

    SELECT_____学号，课程号，成绩 FROM 选课表_____

8. UNION 操作用于合并多个查询语句的结果，如果在合并结果中不希望去掉重复的数据，则在使用 UNION 操作时应使用_____关键字。

9. 进行自连接操作的两个表在物理上为一张表。通过_____方法可将物理上的一张表在逻辑上称为两张表。

10. FROM ALEFT JOIN B ON...语句表示在连接结果中不限制 _____表数据必须满足连接条件。

11. 对分组后的统计结果再进行筛选使用的语句是_____。

12. 若 SELECT 语句中同时包含 WHERE 子句和 GROUP 子句,则先执行的是_____子句。

三、简答题

有学生关系、成绩关系、选课关系如下，根据要求完成下列各题。

学生（学号，姓名，性别，籍贯，系部，年龄，电话）

成绩（学号，课号，成绩）

选课（学号，课号，课程名称，类别）

1. 查询所有学生的姓名及年龄。

2. 查询所有男同学的信息。

3. 查询所有男同学的成绩。

4. 查询不及格的同学的学号、姓名、系部。

5. 查询没有选课的同学学号和姓名。

6. 在学生表中插入一条记录（S001，张三，男，陕西咸阳，信息工程学院，20，13555555555）。

7. 给学生关系中增加一列出生年月。

8. 给学生关系中每个同学年龄增加 2 岁。

9. 删除所有陕西咸阳籍的同学。

10. 用三个关系创建索引。

第 5 章　数据库安全性

前面章节中已经讲到，数据库的特点之一是数据库管理系统提供统一的数据保护功能来保证数据安全可靠和正确有效。数据库的数据保护主要包括数据的安全性和数据的完整性。本章主要讨论数据库的安全性问题。

5.1　数据库安全性概述

数据库安全性是指保护数据库，以防止不合法使用所造成的数据泄露、更改或者破坏。安全性问题不是数据库所独有的，计算机系统每一个文件都存在安全性问题，安全性问题在当前尤其大数据时代非常重要，一旦数据系统安全性出了问题，那么整个信息就会被泄露，严重的会造成经济损失，或者犯罪。所以数据库安全问题至关重要，若设计和开发出了合适的数据库，但是数据库系统安全问题达不到要求，就会给以后应用带来巨大的麻烦，因此安全性是数据库管理中的重要指标，不能忽视。

5.1.1　数据库的不安全因素

对数据库安全产生威胁的因素主要以下几个。

1. 非授权访问

一些非法用户或者黑客、犯罪分子在用户存取数据时非法获得用户名和密码，然后假冒合法的用户身份登录系统获得用户数据。有时入侵数据库系统对数据进行篡改，使正常的数据失去完整性，最终造成数据库系统瘫痪。

2. 数据库系统中重要的数据被泄露

数据库系统中重要的数据常常被泄露，一般是由数据传输中数据泄露造成的，在传输中数据被第三方窃取或者黑客非法入侵，强制破坏数据、盗走数据信息。所以我们常常要想办法分析数据库系统日志记录，及时发现系统中的漏洞，进行维护，以防止信息被泄露。

3. 安全环境的脆弱性

数据库的安全性与计算机系统的安全性，包括计算机硬件、操作系统、网络系统等的安全是紧密联系的。操作系统安全的脆弱性，网络协议安全保障的不足等都会造成数据库安全性的破坏。因此，必须加强计算机系统的安全保证。随着计算机网络的发展，计算机应用环境的安全问题很重要，包括人为的破坏、自然环境的因素，还有一些不法分子的破坏等都对数据库系统的应用环境造成破坏。所以我们要重视数据库安全环境的保护，注意防尘、防盗、防电磁干扰、防火等，做到及时发现及时处理、坚持检查测试等。

5.1.2　数据库系统安全标准

计算机及信息安全技术方面有一系列的安全标准，最有影响力的两个标准是 TCSEC 和 CC。

TCSEC 标准是计算机系统安全评估的第一个正式标准，该标准的推出具有划时代的意义。该标准于 1970 年由美国国防科学委员会提出，并于 1985 年 12 月由美国国防部公布。TCSEC 最初只是军用标准，后来延至民用领域。TCSEC 将计算机系统的安全划分为 4 个等级、7 个级别。具体如表 5-1 所示。

表 5-1　TCSEC/TDI 安全等级划分

安全级别	定义
A1	验证设计
B3	安全域
B2	结构化保护
B1	标记安全保护
C2	受控的存取保护
C1	自主安全保护
D	最小保护

1. TCSECD 类安全等级

D 类安全等级只包括 D1 一个级别。D1 的安全等级最低。D1 系统只为文件和用户提供安全保护。D1 系统最普通的形式是本地操作系统，或者是一个完全没有保护的网络。

2. TCSECC 类安全等级

C 类安全等级能够提供审计保护，并为用户的行动和责任提供审计能力。C 类安全等级可划分为 C1 和 C2 两类。C1 系统的可信任运算基础体制（trusted computing base，TCB）通过将用户和数据分开来达到安全的目的。在 C1 系统中，所有的用户都以同样的灵敏度来处理数据，即用户认为 C1 系统中的所有文档都具有相同的机密性。C2 系统比 C1 系统加强了可调的审慎控制。在连接到网络上时，C2 系统的用户分别对各自的行为负责。C2 系统通过登录过程、安全事件和资源隔离来增强这种控制。C2 系统具有 C1 系统中所有的安全性特征。

3. TCSECB 类安全等级

B 类安全等级可分为 B1、B2 和 B3 三类。B 类系统具有强制性保护功能。强制性保护意味着如果用户没有与安全等级相连，系统就不会让用户存取对象。B1 系统满足下列要求：系统对网络控制下的每个对象都进行灵敏度标记；系统使用灵敏度标记作为所有强迫访问控制的基础；系统在把导入的、非标记的对象放入系统前标记它们；灵敏度标记必须准确地表示其所联系的对象的安全级别；当系统管理员创建系统或者增加新的通信通道或 I/O 设备时，管理员必须指定每个通信通道和 I/O 设备是单级还是多级，并且管理员只能手工改变指定；单级设备并不能保持传输信息的灵敏度级别；所有直接面向用户位置的输出（无论是虚拟的还是物理的）都必须产生标记来指示关于输出对象的灵敏度；系统必须使用用户的口令或证明来决定用户的安全访问级别；系统必须通过审计来记录未授权访问的企图。

B2 系统必须满足 B1 系统的所有要求。另外，B2 系统的管理员必须使用一个明确的、文档化的安全策略模式作为系统的可信任运算基础体制。B2 系统必须满足下列要求：系统必须立即通知系统中的每一个用户所有与之相关的网络连接的改变；只有用户能够在可信任通信路径中进行初始化通信；只有可信任运算基础体制才能够支持独立的操作者和管理员。

B3 系统必须符合 B2 系统的所有安全需求。B3 系统具有很强的监视委托管理访问能力和抗干扰能力。B3 系统必须设有安全管理员。B3 系统应满足以下要求：除了控制对个别对象的访问外，B3 还必须产生一个可读的安全列表；每个被命名的对象提供对该对象没有访问权的用户列表说明；B3 系统在进行任何操作前，要求用户进行身份验证；B3 系统验证每个用户，同时还会发送一个取消访问的审计跟踪消息；设计者必须正确区分可信任的通信路径和其他路径；可信任的通信基础体制为每一个被命名的对象建立安全审计跟踪；可信任的运算基础体制支持独立的安全管理。

4. TCSECA 类安全等级

A 系统的安全级别最高。目前，A 类安全等级只包含 A1 一个安全类别。A1 类与 B3 类相似，对系统的结构和策略不做特别要求。A1 系统的显著特征是，系统的设计者必须按照一个正式的设计规范来分析系统。对系统分析后，设计者必须运用核对技术来确保系统符合设计规范。A1 系统必须满足下列要求：系统管理员必须从开发者那里接收一个安全策略的正式模型；所有的安装操作都必须由系统管理员进行；系统管理员进行的每一步安装操作都必须有正式文档。

在信息安全保障阶段，欧洲四国（英、法、德、荷）提出了评价满足保密性、完整性、可用性要求的《信息技术安全评价准则》（ITSEC）后，美国又联合以上诸国和加拿大，并会同国际标准化组织（ISO）共同提出《信息技术安全评价的通用准则》（CC for ITSEC），CC 已经被 5 个技术发达的国家（美、英、法、德、澳）承认为代替 TCSEC 的评价安全信息系统的标准。目前，CC 已经被采纳为国家标准 ISO 15408。

1993 年 6 月，美国政府同加拿大及欧共体共同起草单一的通用准则（CC 标准）并将其推为国际标准。制定 CC 标准的目的是建立一个各国都能接受的通用的信息安全产品和系统的安全性评估准则。在美国的 TCSEC、欧洲的 ITSEC、加拿大的 CTCPEC、美国的 FC 等信息安全准则的基础上，由 6 个国家 7 方（美国国家安全局和国家技术标准研究所、加、英、法、德、荷）共同提出了《信息技术安全评价通用准则》（The Common Criteria for Information Technology Security Evaluation，CC ），简称 CC 标准，它综合了已有的信息安全的准则和标准，形成了一个更全面的框架。

（1）CC 标准作用。编辑 CC 标准是信息技术安全性评估标准，用来评估信息系统、信息产品的安全性。CC 标准的评估分为两个方面：安全功能需求和安全保证需求。

（2）CC 标准主要内容。CC 标准主要分为以下部分。

CC 通用评估准则《信息技术安全性评估准则》。

CC 评估保证级（EAL）是由一系列保证组件构成的包，可以代表预先定义的保证尺度。

CC 并不是安全管理方面的标准，它提出了安全要求实现的功能和质量两个原因。

①ISO/IEC 15408（CC）= GB/T 18336。

②vISO/IEC 15408（CC）中保障被定义为：实体满足其安全目的的信心基础（Grounds for confidence that an entity meets its security objectives）。

a. 主观：信心

b. 客观：性质（保密性、完整性、可用性）

c. 从客观到主观：能力与水平

我国 GB/T 18336 国家标准等同采用国际标准 15408（CC）。

在 GB/T 18336 国际标准 15408（CC）中定义了以下七个评估保证级。

（1）评估保证级 1（EAL1）——功能测试。

（2）评估保证级 2（EAL2）——结构测试。

（3）评估保证级 3（EAL3）——系统的测试和检查。

（4）评估保证级 4（EAL4）——系统的设计、测试和复查。

（5）评估保证级 5（EAL5）——半形式化设计和测试。

（6）评估保证级 6（EAL6）——半形式化验证的设计和测试。

（7）评估保证级 7（EAL7）——形式化验证的设计和测试。

分级评估是通过对信息技术产品的安全性进行独立评估后所取得的安全保证等级，表明产品的安全性及可信度。获得的认证级别越高，安全性与可信度越高，产品可对抗更高级别的威胁，适用于较高的风险环境。

不同的应用场合（或环境）对信息技术产品能够提供的安全性保证程度的要求不同。产品认证所需代价随着认证级别升高而增加。通过区分认证级别满足适应不同使用环境的需要。

CC 标准是国际通行的信息技术产品安全性评价规范，它基于保护轮廓和安全目标提出安全需求，具有灵活性和合理性，基于功能要求和保证要求进行安全评估，能够实现分级评估目标，不仅考虑了保密性评估要求，还考虑了完整性和可用性多方面安全要求。

5.2　数据库安全性控制

一般计算机系统中，安全措施是一级一级层层设置的。例如，用户要求进入计算机系统时，系统首先根据输入的用户标识进行用户身份鉴别，只有合法的用户才准许进入计算机系统；对已经进入的用户，数据库管理系统还要进行存取控制，只允许用户执行合法操作；操作系统也会有自己的保护措施；数据还可以以密码的形式存储到数据库中。

操作系统的安全保护措施可参考系统的有关书籍，这里不再讲述。另外也有非法强制获得口令的行为，也会给数据库带来不安全的因素。

数据库安全性控制其实就是通过安全日志分析数据库访问有无异常行为，对异常行为进程快速处理，对登录进去的用户进行身份的鉴别，确保不被非法用户登录对数据进行盗取和破坏，确保数据库中数据的完整性和一致性。

5.2.1　用户身份鉴别

用户是数据库管理系统提供的最外层安全保护措施。每个用户在系统中都有一个标识。每个用户标识都由用户名和用户标识两部分组成，用户标识在整个用户生命周期内是唯一的。系统内记录着所有合法的用户标识，系统鉴别是指由系统提供一定的方式让用户标识自己的名字或身份。每次用户要求进入系统时，由系统进行核对，通过鉴定后才能提供使用数据库管理系统权限。

用户身份鉴别的方法有很多种，而且在一个系统中往往是多种方法结合，以获得更强的安全性。常用的用户身份鉴别方法有以下几种。

1. 静态口令鉴别

静态口令是实现对用户身份认证的一种技术，指用户登录系统的用户名和口令是一次性产生的，在使用过程中总是固定不变的，用户输入用户名和口令，用户名和口令通过网络传输给服务器，服务器提取用户名和口令，与系统中保存的用户名和口令进行匹配，检查是否一致，以实现对用户的身份验证。

静态口令已经存在多年，但是随着网络的不断普及，计算机的运算能力不断提高，静态口令已经越来越不适合基于互联网络应用的安全要求，主要存在下列几个问题。

1）口令创建

一般应用系统中，最终用户都被要求创建一个口令，他们能够记住但别人不能猜到，从而也留下一个难以解决的矛盾：在创建一个不容易猜到的口令的同时他们自己也不容易记住。而且，当用户需要登录多个系统的时候，这个问题就变得非常严重，每个用户都拥有多个用户名和口令，这就给用户带来很多麻烦，这些因素严重影响到当前身份验证系统的推广。

2）口令验证

口令是怎样被验证来说明确实是真实用户的？通常，口令采用缓存技术，因此旧的或非法的口令可以代替正确的口令使用。在有些环境中，软件采用行为验证，通过访问控制和许可进行验证。这可能跳过身份验证机制，允许已经过期的身份成功访问受保护的资源。

3）口令传输

在验证用户口令的时候，需要将用户口令传输到服务器端进行验证，而目前系统一般都不采取加密手段来传输或者采用安全强度低的加密机制来传输用户名和口令，大大增加了口令被截取的安全风险。

4）口令存储

口令在系统中是怎样被存储的？有四个级别的存储：明文、加密、隐藏明文、隐藏并加密。在过去，许多软件工具已经采用简单的加密存储，但一般采用强度不高的加密或允许从系统外获得文件。一些简单的强行破解程序很容易做到解密用户名和口令。许多流行的程序的破解程序已经被开发出来，如多种版本的 UNIX、Windows NT、Windows 95、Windows 98、Windows 2000 的用户口令和缓存口令均被破解了。其他一些程序也能很轻松地从浏览器或应用中获取口令，如 Word、Excel，甚至是 Zip 文件。

5）口令输入

用户在输入口令时，也会存在安全风险。一方面，通过键盘上的手势就大致能够猜出输入的口令。另一方面，本地计算机的木马程序，或者键盘监控程序，可以将用户输入的口令记录下来。

6）口令猜测

用户的用户名和口令的长度是有限的，很容易通过字典攻击的方式进行破解。

7）口令维护困难

系统维护人员的维护工作大部分花费在用户的口令支持上，一旦用户忘记自己的口令，系统维护人员需要重新为用户设置口令。

8）安全实现

使用静态口令仅仅实现了身份认证环节的基本需求，无法实现其他的安全需求，如加密、信息完整、数字签名等。

基于上述考虑，对于安全级别要求不高的系统，可以采用静态口令的方式来认证用户的身份，对于安全性要求高的系统，不能够采用静态口令方式。

2. 动态口令鉴别

事实上，基于口令的身份认证技术也在随着实际应用需求的发展而发展，双因数动态口令技术即是对传统的静态口令的演进，目前该技术已在国内外获得专家和用户的认可，并已有许多成功案例。

所谓动态口令技术，是对传统的静态口令技术的改进，它采用双因数认证原理，即用户既要拥有一些东西如系统颁发的 token（something you have），又要知道一些东西如启用 token 的口令（something you know）。当用户要登录系统时，首先要输入启用 token 的口令，其次还要将 token 上所显示的数字作为系统的口令输入。token 上的数字是不断变化的，而且与认证服务器是同步的，因此用户登录到系统的口令也是不断变化的（所谓的"一次一密"）。

双因素认证比基于静态口令的认证方法增加了一个认证要素，攻击者仅仅获取了用户口令或者仅仅拿到了用户的令牌访问设备，都无法通过系统的认证。而且令牌访问设备上所显示的数字不断地变化，这使得攻击变得非常困难。因此，这种方法比基于口令的认证方法具有更好的安全性，在一定程度上解决了基于静态口令的认证方法所面临的威胁。

动态口令技术有两种解决方案，即所谓的同步方式和异步方式（challenge/response 方式）。

在同步方式中，在服务器端初始化客户端 token 时，即对客户端 token 和服务器端软件进行了密钥、时钟和/或事件计数器同步，而后客户端 token 和服务器端软件基于上述同步数据分别进行密码运算，分别得到一个运算结果；用户欲登录系统时，就将运算结果传送给认证服务器并在服务器端进行比较，若两个运算值一致，即表示用户是合法用户；整个过程中，认证服务器和客户端 token 没有交互过程。

而在异步过程中，认证服务器需要和客户端 token 进行交互：在服务器端初始化客户端 token 即对客户端 token 和服务器端软件进行了密钥、时钟和/或事件计数器同步之后，一旦用户要登录系统，认证服务器首先要向用户发送一个随机数（challenge），用户将这个 challenge 输入客户端 token 中，并获得一个 response，然后将这个 response 返送给认证服务器，认证服务器将这个 response 与自己计算得出的 response 进行比较，如果两者匹配，则证明用户为合法用户。这种机制虽然能够为系统提供比静态口令更高强度的安全保护，但也存在如下安全风险且是先天性的。

（1）只能进行单向认证，即系统可以认证用户，而用户无法对系统进行认证。攻击者可能伪装成系统骗取用户的口令。

（2）虽然口令是动态变化的，但是动态变化的口令存在一个时间周期，因此，还是可以通过网络监听等方式窃取动态变化的口令，进行身份的假冒。

（3）不能对要传输的信息进行加密，敏感的信息可能会泄露出去。

（4）不能保证信息的完整性，也就不能保证信息在传输过程中没有被修改。

（5）不支持用户方和服务器方的双方抗抵赖，双方的抗抵赖能力差。

（6）代价比较大，通常需要在客户端和服务器端增加相应的硬件设备。

（7）存在单点故障，一旦认证服务器出现问题，整个系统就不可用。

总结起来，动态口令方式解决了静态口令存在的安全弱点，在身份认证方面弥补了静态口令固有的安全漏洞，但是，使用动态口令不能实现数据加密、保障数据完整和数字签名等。如果想解决这些问题，可采用更先进的安全机制，如数字证书和公钥技术。

3. 生物特征识别

在当今信息化时代，如何准确鉴定一个人的身份、保护信息安全，已成为必须解决的关键社会问题。传统的身份认证由于极易伪造和丢失，越来越难以满足社会的需求，目前最为便捷与安全的解决方案无疑就是生物特征识别技术。它不但简洁快速，而且利用它进行身份的认定，安全、可靠、准确。同时更易于配合计算机和安全、监控、管理系统整合，实现自动化管理。由于其广阔的应用前景、巨大的社会效益和经济效益，已引起各国的广泛关注和高度重视。

生物特征识别技术（biometric identification technology）是指利用人体生物特征进行身份认证的一种技术。更具体一点，生物特征识别技术就是通过计算机与光学、声学、生物传感器和生物统计学原理等高科技手段密切结合，利用人体固有的生理特性和行为特征来进行个人身份的鉴定。

生物特征识别系统是对生物特征进行取样，提取其唯一的特征并且转化成数字代码，并进一步将这些代码组合而成的特征模板。人们同识别系统交互进行身份认证时，识别系统获取其特征并与数据库中的特征模板进行比对，以确定是否匹配，从而决定接受或拒绝该人。

在目前的研究与应用领域中，生物特征识别主要关系到计算机视觉、图像处理与模式识别、计算机听觉、语音处理、多传感器技术、虚拟现实、计算机图形学、可视化技术、计算机辅助设计、智能机器人感知系统等其他相关的研究。已被用于生物识别的生物特征有手形、指纹、脸形、虹膜、视网膜、脉搏、耳廓等，行为特征有签字、声音、按键力度等。基于这些特征，生物特征识别技术已经在过去的几年中取得了长足的进展。

1）指纹识别

指纹识别已被全球大部分国家政府接受与认可，广泛地应用到政府、军队、银行、社会福利保障、电子商务和安全防卫等领域。在我国，北大高科等对指纹识别技术的研究开发已可与国际先进技术抗衡，中科院的汉王科技公司在一对多指纹识别算法上取得重大进展，达到的性能指标中拒识率小于 0.1%，误识率小于 0.000 1%，居国际先进水平；指纹识别技术在我国已经得到较广泛的应用，随着网络化的更加普及，指纹识别的应用将更加广泛。

2）脸像识别

人脸识别的实现包括面部识别（多采用"多重对照人脸识别法"，即先从拍摄到的人像中找到人脸，从人脸中找出对比最明显的眼睛，最终判断包括两眼在内的领域是不是想要识别的面孔）和面部认证（为提高认证性能已开发了"摄动空间法"，即利用三维技术对人脸侧面及灯光发生变化时的人脸进行准确预测，以及"适应领域混合对照法"，使得对部分伪装的人脸也能进行识别）两方面，基本实现了快速而高精度的身份认证。由于其属于非接触型认证，仅仅看到脸部就可以实现很多应用，因而可被应用在：证件中的身份认证；重要场所中的安全检测和监控；智能卡中的身份认证；计算机登录等网络安全控制等多种不同的安全领域。随着网络技术和桌上视频的广泛采用、电子商务等网络资源的利用对身份验证提出新的要求，依托于图像理解、模式识别、计算机视觉和神经网络等技术的脸像识别技术在一定应用范围内已获得了成功。目前国内该项识别技术在警用等安全领域用得比较多。这项技术亦被用在现在的一些中高档相机的辅助拍摄方面（如人脸识别拍摄）。

3）皮肤芯片

皮肤芯片法是通过把红外光照进一小块皮肤并通过测定的反射光波长来确认人的身份。其理论基础是每个具有不同皮肤厚度和皮下层的人类皮肤，都有其特有的标记。皮肤、皮层和不同结构具有个性和专一特性,这些都会影响光的不同波长,目前 Lumidigm 公司开发了一种包含银币大小的两种电子芯片的系统。第一个芯片用光反射二极管照明皮肤的一片斑块，然后收集反射回来的射线；第二个芯片处理由照射产生的"光印"（light print）标识信号。相对于指纹（fingerprinting）和面认（face recognition）所采用的采集原始形象并仔细处理大量数据从中抽提出需要特征的生物统计学方法（See "Face Recognition"/TR Nov 2001），光印不依赖于形象处理，使得设备只需较少的计算能力。

4）步态识别

步态识别技术还处在初期阶段，其发展还面临许多艰难的挑战。由美国国防先进研究项目代表设立基金研究通过人体语言确认人的身份的美国科研机构在这项技术中取得最新进展。其理论是每个人以相同的方式生活，都有自己专一的信号或指纹，每个人也有自己专一的走路步伐。其技巧是收集人体语言并把它转化为计算机能识别的数字。

4. 智能卡鉴别

智能卡是一种不可复制的硬件，内置集成电路的芯片，具有硬件加密功能。智能卡由用户随身携带，登录数据库关系系统时用户将智能卡插入专用的读卡器进行身份验证。随身携带，一旦丢失或者被盗也是很不安全的，所以一般情况下可以结合智能卡和口令结合起来更加安全。例如，银行的数据库系统操作就是多种技术结合起来的。我们常常使用的电子加密狗就是智能卡鉴别等，这样的例子太多了。

5.2.2　存取控制

数据库安全最重要的一点就是确保授权给有资格的用户访问数据库的权限，同时，没有授权的用户无法访问数据库。也就是说，所有用户都为合法的用户，非法的用户是没有权限进入系统的。

存取控制包括两部分：第一部分是定义或者授权用户，第二部分是验证用户的权限是否合法。

1. 定义用户权限

定义操作权限，并将权限保存到数据字典中。合法用户对数据库系统的某些操作权利就称为权限。权限是由数据库系统管理员定义并启用的。管理员有权将一个用户的权限进行停用和限制。

2. 合法权限的检测

当用户登录进数据库系统，发出存取数据库操作请求后，数据库管理系统查找数据字典，根据安全规则进行合法权限检查，如果检查结果为用户权限超出请求的权限，系统就会拒绝访问，否则就是合法权限。

5.2.3　自主存取控制方法

大型数据库管理系统都支持自主存取控制，SQL 标准也对自主存取控制提供支持，这主要通过 SQL 的 GRANT 语句和 REVOKE 语句来实现。

用户的权限是由两个要素组成的：数据库对象和操作类型。定义一个用户的存取权限就是定义这个用户可以在哪些数据库对象上进行哪些类型的操作。在数据库系统中，定义存取权限称为授权。

在关系数据库系统中，存取控制的对象不仅有数据本身还有数据模式，表 5-2 所示为关系数据库系统中的存取权限。

表 5-2　关系数据库系统中的存取权限

对象类型	对象	操作类型
数据库 模式	模式	Create SCHEMA
	基本表	CREATE TABLE，ALTER TABLE
	视图	CREATE VIEW
	索引	CREATE INDEX
数据	基本表和视图	SELECT，INSERT，UPDATE，DELETE，REFERENCES，ALLPRIVILEGES
	属性列	SELECT，INSERT，UPDATE，REFERENCES，ALL PRIVILEGES

以上的权限基本和表的操作权限相同，对数据库系统的操作者来说，不同的操作者是具有不同权限的。例如，有的用户只需要查询，有的用户需要添加和删除、修改权限等。只有将不同的权限赋予不同的用户，这样数据库系统才能更加安全。

5.2.4　授权与收回权限

SQL 中使用 GRANT 和 REVOKE 语句向用户授予或收回对数据的操作权限。GRANT 语句向用户授予权限，REVOKE 语句是向用户收回权限。

1. GRANT

GRANT 语句的一般格式为

GRANT<权限>[，<权限>]...

ON <对象类型><对象名>[，<对象类型><对象名>]...

TO<用户>[，<用户>]...

[WITH GRANT OPTION]；

其语义为：将对指定操作对象的指定操作权限授予指定的用户。发出 GRANT 语句命令的可以是数据库管理员也可以是数据库创建者，还可以是数据库拥有者。接受权限的可以是一个或者多个用户，还可以是 PUBLIC,即全体用户。如果指定了 WITH GRANT OPTION 语句，则获得的某种权限还可以再授予其他的用户。如果没有指定 WITH GRANT OPTION 语句，则授予的权限不具有再授予的权限，也就是说不能传递权限。

[例 5.1]　把查询学生表的权限授予用户 U1。

GRANT SELELCT ON TABLE 学生表 TO U1；

[例 5.2]　把对学生表和课程表的全部操作权限授予用户 U1 和 U2。

GRANT ALL PRIVILEGES ON TABLE 学生表，课程表 TO U1，U2；

[例 5.3]　把对成绩表的查询权限授予所有用户。

GRANT SELELCT ON TABLE 成绩表 TO PUBLIC

[例 5.4]　把查询成绩表和修改学生学号的权限授予用户 U3。

GRANT UPDATE（学号），SELELCT ON TABLE 成绩表 TO U3；

[例 5.5]　把对成绩表的 INSERT 权限授予 U2,并允许再授予其他用户。

GRANT INSERT ON TABLE 成绩表 TO　U2　WITH GRANT OPTION

2. REVOKE

授予用户的权限可以由数据库管理员或其他授权者用 REVOKE 语句收回,REVOKE 语句一般格式为

REVOKE<权限>[,＜权限>]...
ON ＜对象类型＞＜对象名＞[,＜对象类型＞＜对象名>]...
FROM ＜用户>[,＜用户>]... [CASCADE|RESTRICT]

授权语句正好和收回权限语句相反,一个是授予权限,一个是收回授予的权限。

[例 5.6] 把学生表中用户 U1 的查询权限收回。

REVOKE SELELCT ON TABLE 学生表 FROM U1

[例 5.7] 把用户 U5 对成绩表的 INSERT 权限收回。

REVOKE INSERT ON TABLE 成绩表 FROM U5 CASCADE

注意: 这里默认值为 CASCADE,意思是收回权限时,连同级联授予的权限一起收回。

5.2.5 数据库角色

数据库角色是被命名的一组与数据库操作相关的权限,角色是权限的集合。因此可以为一组具有相同权限的用户创建一个角色,使用角色来管理数据库权限可以简化授权的过程。

在 SQL 中首先用 CREATE ROLE 语句创建角色,然后用 GRANT 语句给角色授权,用 REVOKE 语句收回给角色授予的权限。

1. 角色的创建

创建角色的 SQL 语句格式为

CREATE ROLE ＜角色名>

刚刚创建的角色是空的,没有任何内容。可以用 GRANT 为角色授权。

2. 给角色授权

GRANT ＜权限>[,＜权限>]...
ON<对象类型>对象名
TO<角色>[,＜角色>]...

数据库管理员和用户可以利用 GRANT 语句将权限授予某一个或几个角色。

3. 将一个角色授予其他角色或用户

GRANT ＜角色 1>[,＜角色 2>]...
ON<角色 3>[,＜用户 1>]...
[WITH ADMIN OPTION]

该语句把角色授予某个用户或者另一个角色。

4. 角色权限收回

REVOKE<权限>[,＜权限>]...

ON<对象类型><对象名>

FROM<角色>[, <角色>]…

用户可以收回角色的权限，从而修改角色拥有的权限。

REVOKE 动作的执行者或者是角色的创建者，或者拥有在这个角色上的 ADMIN OPTION。

通过角色来实现将一组权限授予一个用户。

[例 5.8]　　首先创建一个角色 R1。

CREATE ROLE R1

[例 5.9]　　在学生表中给角色 R1 授予 SELECT，UPDATE，INSERT 权限。

GRANT SELELCT，UPDATE，INSERT ON TABLE 学生表 TO R1

[例 5.10]　　将 R1 这个角色授予郝健、张平、王敏，使他们拥有 R1 角色的全部权限。

GRANT R1 ON 郝健，张平，王敏；

[例 5.11]　　收回张平被赋予的以上权限。

　REVOKE R1 FROM 张平

[例 5.12]　　角色权限的修改。

GRANT DELELTE ON TABLE 学生表 TO R1

使 R1 在上面定义的基础上又增加了删除权限。

[例 5.13]　　减少 R1 的权限。

REVOKE SELELCT ON TABLE 学生表 FROM R1

使用角色来管理数据库权限可以简化授权的过程，使自主授权的执行更加灵活、方便。

5.3　视图机制

前面已经学过视图，其实创建视图的目的就是使数据库中的数据更加安全，对数据库中的数据是一种保护。也就是说，通过视图机制把要保密的数据对无权存取的用户隐藏起来，从而自动对数据提供一定程度的安全保护。

视图机制间接地实现支持存取谓词的用户权限定义。例如，考生只能查看自己的科目、姓名和成绩。

成绩表中有（考号，学号，科目，成绩，籍贯，考区），可以创建视图将对考生不关心的属性屏蔽掉。

CREATE VIEW 成绩视图 AS sELELCT 考号，科目，成绩 FROM 成绩表

将创建的成绩视图，授予所有学生。

GRANT SELELCT ON 成绩视图 TO STUDENT

因此创建视图其实也可以为不同的用户授予权限，增加信息的安全性。但要注意的是视图是一个虚拟的表，只有结果没有内容，内容从基本表中导出来。视图随着基本表中的变化而变化。

5.4　审　　计

数据库系统的安全非常复杂，包括方方面面。有身份鉴别、设置口令、设置权限等。但是我们前面学过数据库系统中有日志文件，我们可以通过日志文件来记录数据库的操作过程和访问的情况，那么数据库审计员就可以通过日志记录的情况对数据库运行中的各种行为进行审计，查出问题及时处理，最终避免不安全因素的产生。

按照国际上的要求，数据库系统的审计要求要符合 TCSEC 中规定的 C2 级别以上。

审计功能就是把用户对数据库的所有操作自动记录下来放入审计日志中，审计员可以利用审计日志监控数据库中的各种行为，重视导致数据库现有状况的一系列事件，找出非法存取数据的人、时间和内容等。还可以对审计日志进行分析，发现威胁提前采取措施加以防范。

审计通常是很麻烦、很费时间和空间的，所以数据库管理系统往往将审计设置为可以选择的选项。允许数据库系统管理根据情况选择启用和关闭。审计功能往往用在数据库系统中安全性要求比较高的地方。

审计事件有服务器事件、系统权限、语句事件及模式对象事件，还包括用户鉴别、自主访问控制和强制访问控制事件。数据库系统中的各种行为在审计时有审计成功的也有审计失败的操作。

1. 审计事件

审计事件一般有多个类别。

（1）服务器事件：审计数据库服务器发生的事件，包含数据库服务器的启动、停止，数据库服务器配置文件的重新加载。

（2）系统权限：对系统拥有的结构或者模式对象进行操作审计，要求该操作的权限是通过系统权限获得的。

（3）语句事件：对 SQL 语句，如 DDL、DML、DQL、DCL 语句的审计。

（4）模式对象事件：对特定模式对象进行的 SELELCT 或 DML 操作的审计。模式对象包括表、视图、存储过程、函数等。模式对象不包括索引、约束、触发器、分区表等。

2. 审计功能

审计功能主要包括如下方面。

（1）基本功能，提供多种审计查阅方式：基本的、可选的、有限的等。

（2）提供多套审计规则，审计规则一般在数据库初始化时设定，以方便审计员管理。

（3）提供设计分析和报表功能。

（4）审计日志管理功能，包括误删除，必须是先传储再删除。

（5）系统提供查询审计设置及审计记录信息的专门视图。

数据库安全审计系统提供了一种事后检查的安全机制。安全审计机制将特定的用户或特定对象相关的操作记录到系统审计日志中，作为后续对操作的查询分析和跟踪的依据。

在数据库系统安全中除了以上讲述的权限管理和角色的权限管理、审计以外，还有很多方法可以保证数据库系统的安全。如我们经常说的计算机通信中的加密技术也可以应用在数据库系统中，若是建立专用的隧道来传输密码等。关于加密技术在这里不再讲述，有兴趣的同学可以参照计算机网络安全或者计算机信息安全相关书籍进行学习。

5.5 本章小结

随着数据库技术的不断发展，数据的共享日益加强，数据的安全保密越来越重要。数据库管理系统是管理数据的核心，因而其自身必须具有一整套完整而有效的安全机制。

保证数据库系统安全性的技术和方法有多种，数据库管理系统提供的安全措施主要包括用户身份鉴别，自主存取控制和强制存取控制技术，视图技术和审计技术，数据加密存储和加密传输等。本章就这些技术进行了简要介绍。

习　题

一、选择题

1. 以下（　　　）不属于实现数据库系统安全性的主要技术和方法。
   A. 存取控制技术
   B. 视图技术
   C. 审计技术
   D. 出入机房登记和加锁
2. SQL 中的视图提高了数据库系统的（　　　）。
   A. 完整性　　　　B. 并发控制　　　　C. 隔离性　　　　D. 安全性
3. SQL 语言的 GRANT 和 REVOKE 语句主要是用来维护数据库的（　　　）。
   A. 完整性　　　　B. 可靠性　　　　C. 安全性　　　　D. 一致性
4. 在数据库的安全性控制中，授权的数据对象的（　　　），授权子系统就越灵活。
   A. 范围越小　　　B. 约束越细致　　　C. 范围越大　　　D. 约束范围大
5. 安全性控制的防范对象是（　　　），防止他们对数据库数据的存取。
   A. 不合语义的数据
   B. 非法用户
   C. 不正确的数据
   D. 不符合约束数据
6. 下面 SQL 命令中属于数据控制命令的有（　　　）。
   A. GRANT　　　　B. COMMIT　　　　C. UPDATE　　　　D. SELECT
7. 数据库备份技术包括（　　　）。
   A. 完全备份、增量备份、差异备份
   B. 硬盘备份、磁盘备份
   C. 主文件备份、日志备份
   D. 以上说法都不对
8. 关于数据安全说法正确的是（　　　）。
   A. 日志文件是数据库中最重要的文件，主要用来进行安全分析，有时作用不大

B. 通过日志文件能够掌握数据库是否备份完全

C. 建立日志文件的目的是提高数据库的安全性

D. 建立日志文件的目的是通过日志文件能够掌握系统的运行状况，出现不安全问题可以进行恢复

二、填空题

1. 数据库的安全性是指保护数据库以防止不合法的使用所造成的_____。

2. 完整性检查和控制的防范对象是_____。

3. 计算机系统有三类安全性问题，即_____ 、_____和_____ 。

4. 用户标识和鉴别的方法有很多种，而且在一个系统中往往是多种方法并举，以获得更强的安全性。常用的方法有通过输入_____和_____来鉴别用户。

5. 用户权限是由_____和_____两个要素组成的。

6. 在数据库系统中，定义存取权限称为_____。SQL 语言用语句向用户授予对数据的操作权限，用_____语句收回授予的权限。

7. 数据库角色是被命名的一组与_____相关的权限。

8. 数据库安全最重要的一点就是确保只授权给有资格的用户访问数据库的权限，同时令所有未授权的人员无法接近数据，这主要通过数据库系统的存取控制机制实现；存取控制机制主要包括两部分：①定义用户_____，将用户权限登记到数据字典中；②_____。

9. 常用的数据库安全控制的方法和技术有用户标识与鉴别、_____、审计和数据加密等。

10. 在存取控制机制中，定义存取权限称为_____授权；在强制存取控制（MAC）中，仅当主体_____。

三、简答题

1. 什么是数据库的安全性？

2. 简要说明目前网络安全对数据库的重要性。

3. 如何才能确保数据库不受外界的干扰和威胁？

4. 什么是数据库中的自主存取控制方法和强制存取控制方法？

5. 解释强制存取控制机制中主体、客体、敏感度标记的含义。

第6章 关系数据库理论

前面已经讲述了关系数据库、关系模型的基本概念以及关系数据库的标准语言。如何使用关系模型设计数据库，也是需要面对的一个现实问题，如何选择一个比较好的关系模式的集合，每个关系又应该由哪些属性组成，这属于数据库设计问题，确切地讲是数据库逻辑设计问题。本章讲述关系数据库规范化理论，这是数据库逻辑设计的理论依据。学习本章后，读者应该掌握规范化理论的研究动机及其在数据库设计中的作用，掌握函数依赖的有关概念，第一范式、第二范式、第三范式和 BC 范式的定义，重点掌握关系模式规范化的方法和关系模式分解的方法，这也是本章的难点。

6.1 规范化问题的提出

6.1.1 规范化理论的主要内容

关系数据库的规范化理论最早是由关系数据库的创始人 E.F.CODD 提出的，后经许多专家学者对关系数据库理论做了深入的研究与发展，形成了一整套有关关系数据库设计的理论。在该理论出现以前，层次和网状数据库的设计只是遵循其模型本身固有的原则，而无具体的理论依据可言，因而带有盲目性，可能在以后的运行和使用中出现许多预想不到的问题。

在关系数据库系统中，关系模型包括一组关系模式，并且各个关系不是完全孤立的。设计一个合适的关系数据库系统，关键是关系数据库模式的设计，一个好的关系数据库模式应该包括建成一个适合的关系模型，这些工作决定了整个系统运行的效率，也是关系成败的关键所在，所以必须在关系数据库规范化理论的指导下逐步完成。

关系数据库的规范化理论主要包括三个方面的内容：函数依赖、范式和模式设计。其中函数依赖起着核心的作用，是模式分解和模式设计的基础，范式是模式分解的标准。

6.1.2 不合理的关系模式存在的存储异常

数据库的逻辑设计为什么要遵循一定的规范化理论？什么是好的关系模式？某些不好的关系模式可能导致哪些问题呢？下面通过例子进行分析。

[例 6.1] 以学生选课为背景，假设我们设计了如下一个关系模式。

StudyInfo（Sno，Sname，DeptName，DeptHead，Cname，Grade）

其中{Sno，Cname}是唯一候选键，因此是主键。表 6-1 是关系模式 StudyInfo 的一个实例。

表 6-1　StudyInfo

学号	姓名	系名	系主任	课程	成绩
20010101	张华	Computer	黄山	英语	85
20010101	张华	Computer	黄山	高等数学	90
20010101	张华	Computer	黄山	数据库	92
…		…		…	
20010101	张华	Computer	黄山	操作系统	88
20010102	黄河	Computer	黄山	英语	92
…		…		…	
20010102	黄河	Computer	黄山	高等数学	86
…		…		…	
20010601	刘林	Math	朱红	英语	88
20010601	刘林	Math	朱红	高等数学	84
…		…		…	
20010601	刘林	Math	朱红	数学分析	90

StudyInfo 这个关系存在的异常问题如下。

（1）插入异常。比如一个刚刚成立的系，尚未招收学生，则因属性 Sno 为空，导致诸如系主任姓名之类的信息无法存入数据库；同样，没被学生选修的课程信息也无法存入数据库。

（2）删除异常。例如，一个系的学生毕业了，删除学生记录时不情愿地将系主任姓名等信息也一起删除了。

（3）冗余过多。例如，一个系的系名、系主任姓名都要与该系学生每门课的成绩出现的次数一样多。既浪费存储空间又要付出很大的代价来维护数据库的完整性。当系主任更换后，必须逐一修改该系学生选修课程的每一个元组。

例子启示：一个"好"的模式不应当发生插入异常和删除异常，且数据冗余应尽可能少。

（4）更新异常。表中数据更新不小心就会造成不一致的情况发生，破坏了数据的完整性约束。

结论：关系模式 StudyInfo "不怎么好"或"不好"。

StudyInfo "不好"或存在异常问题原因：关系模式的属性之间存在过多的"数据依赖"，先非形式地讨论一下这个概念。

数据依赖是指关系中属性值之间的相互联系，它是现实世界属性间相互联系的体现，是数据之间的内在性质，是语义的体现。现在人们已经提出了许多种类型的数据依赖，其中最重要的是函数依赖（functional dependence，FD）和多值依赖（multi valued dependence，MVD）。

函数依赖极为普遍地存在于现实生活中。对关系模式 StudyInfo，因一个学号 Sno 仅对应一个学生，一个学生只在一个系注册学习。因而，当学号 Sno 的值确定之后，姓名 Sname 和他所在系 DeptName 的值也就被唯一地确定了。就像自变量 x 的值确定之后，

相应函数 $f(x)$ 的值也就唯一地确定了一样，我们说 Sno 决定 Sname 和 DeptName，或者说 Sname，DeptName 函数依赖于 Sno，记作：Sno→Sname，Sno→DeptName。

对关系模式 StudyInfo，其属性集 U={Sno，Sname，DeptName，DeptHead，Cname，Grade}。根据学校管理运行的实际情况，我们还知道如下关系。

（1）一个学生只有一个学号，即 Sno→Sname。

（2）一个系有若干学生，但一个学生只属于一个系，即 Sno→DeptName。

（3）一个系只有一个系主任，即 DeptName→DeptHead。

（4）每个学生学习每一门课都有一个成绩，即{Sno，Cname}→Grade。

这样就得到关系模式 StudyInfo 属性集 U 上所有函数依赖组成的集合 F，简称函数依赖集。F={Sno→Sname，Sno→DeptName，DeptName→DeptHead，{Sno，Cname}→Grade}。所谓关系模式 StudyInfo 中的数据依赖过多，是指它存在多种类型的函数依赖，比如，既有主健{Sno，Cname}→Grade，又有{Sno，Cname}中部分属性 Sno 确定的 Sno→Sname，还有非主键属性 DeptName 确定的 DeptName→DeptHead 等。

6.1.3　异常问题的解决办法

异常问题的解决方法：将关系模式分解成若干个只有单一"数据依赖"的关系模式。

因为关系模式 StudyInfo 出现异常问题是由于属性之间存在过多的"数据依赖"造成，分解的目的就是减少属性之间过多的"数据依赖"，以期消除关系模式中出现的异常问题。

[例 6.2]　将 StudyInfo 分解为如下三个新的关系模式。

（1）Students（Sno，Sname，DeptName）。

（2）Reports（Sno，Cname，Grade）。

（3）Departments（DeptName，DeptHead）。

则分解后的每个关系模式，其属性之间的函数依赖都大大减少，关系有以下几种。

（1）Students 的函数依赖是 Sno→Sname，Sno→DeptName。

（2）Reports 的函数依赖是{Sno，Cname}→Grade。

（3）Departments 的函数依赖是 DeptName→DeptHead。

关系模式的分解：用若干属性较少的关系模式代替原有关系模式的过程。比如 Students，Reports，Departments 就是关系模式 StudyInfo 的一个分解。

表 6-1 表示的关系模式 StudyInfo 就可以用表 6-2～表 6-4 对应的关系来表示。

表 6-2　Students

Sno	Sname	DeptName
20010101	张华	Computer
...		...
20010102	黄河	Computer
20010601	刘林	Math
...		...

表 6-3 Reports

Sno	Cname	Grade
20010101	英语	85
20010101	高等数学	90
20010101	数据库	92
…	…	
20010101	操作系统	88
20010102	英语	92
…	…	
20010102	高等数学	86
…	…	
20010601	英语	88
20010601	高等代数	84
…	…	
20010601	数学分析	90

表 6-4 Departments

DeptName	DeptHead
Computer	黄山
…	
Math	朱红
…	

从表 6-2～表 6-4 中可以看出，没有分解之前存在的插入异常和删除异常等问题已经基本消除，且数据冗余程度大大降低。

前面通过实例说明，解决关系模式异常问题的方法是对关系模式进行分解。但分解的理论问题还没有解决：怎样判定关系模式好或不好（关系模式的标准问题）？怎样判定一个关系模式的分解是好（有益）的（分解的标准问题）？怎样将一个关系模式分解为一组好的关系模式（分解方法问题）？这些就是后面几节所涉及的内容。

经过以上分析，我们说分解后的关系模式是一个好的关系数据库模式。从而得出结论，一个好的关系模式应该具备以下四个条件。

（1）尽可能减少数据冗余。

（2）没有插入异常。

（3）没有删除异常。

（4）没有更新异常。

6.2 规 范 化

6.2.1 函数依赖的定义

关系模式中的各个属性之间相互依赖、相互制约的联系称为数据依赖。数据依赖一般分为函数依赖、多值依赖和连接依赖。其中函数依赖是最重要的数据依赖，本节重点讲述函数依赖。

定义 6.1　设 $R(U)$ 是一个属性集 U 上的关系模式，X 和 Y 是 U 的子集。若对于 $R(U)$ 的任意一个可能的关系 r，r 中不可能存在两个元组在 X 上的属性值相等，而在 Y 上的属性值不等，则称"X 函数确定 Y"或"Y 函数依赖于 X"，记作 $X \rightarrow Y$。

函数依赖和别的数据依赖一样是语义范畴的概念，只能根据语义来确定一个函数依赖。例如，姓名→年龄这个函数依赖只有在该部门没有同名人的条件下成立。如果允许有同名人，则年龄就不再函数依赖于姓名了。

注意：函数依赖不是指关系模式 R 的某个或者某些关系满足的约束条件，而是指 R 的一切关系均要满足的约束条件。

下面介绍一些术语和记号。

在关系模式 $R(U)$ 中，对于 U 的子集 X 和 Y：

如果 $X \rightarrow Y$，但 $Y \subseteq X$，则称 $X \rightarrow Y$ 是非平凡的函数依赖

若 $X \rightarrow Y$，但 $Y \subseteq X$，则称 $X \rightarrow Y$ 是平凡的函数依赖

[例 6.3]　在关系 SC（Sno，Cno，Grade）中，

非平凡函数依赖：（Sno，Cno）→ Grade

平凡函数依赖：　　（Sno，Cno）→ Sno　　（Sno，Cno）→ Cno

对于任一关系模式，平凡函数依赖都是必然成立的，它不反映新的语义。若不特别声明，总是讨论非平凡的函数依赖。

若 $X \rightarrow Y$，则 X 称为这个函数依赖的决定属性组，也称为决定因素（determinant）。

若 $X \rightarrow Y$，$Y \rightarrow X$，则记作 $X \longleftrightarrow Y$。

若 Y 不函数依赖于 X，则记作 $X \nrightarrow Y$。

定义 6.2　在 $R(U)$ 中，如果 $X \rightarrow Y$，并且对于 X 的任何一个真子集 X'，都有 $X' \nrightarrow Y$，则称 Y 对 X 完全函数依赖，记作 $X \stackrel{F}{\longrightarrow} Y$

若 $X \rightarrow Y$，但 Y 不完全函数依赖于 X，则称 Y 对 X 部分函数依赖，记作 $X \stackrel{P}{\longrightarrow} Y$

[例 6.4]　（Sno，Cno）$\stackrel{F}{\longrightarrow}$ Grade 是完全函数依赖

　　　　　（Sno，Cno）$\stackrel{P}{\longrightarrow}$ Sdept 是部分函数依赖

因为 Sno $\nrightarrow$ Sdept 成立，且 Sno 是（Sno，Cno）的真子集。

定义 6.3　在 $R(U)$ 中，如果 $X \nrightarrow Y$，（$Y \subseteq X$），$Y \rightarrow X$，$Y \rightarrow Z$，则称 Z 对 X 传递函数依赖。

记为作 $X \xrightarrow{\text{传递}} X$。

注意： 如果 $Y \to X$，即 $X \longleftrightarrow Y$，则 Z 直接依赖于 X。

例如，在关系 Std（Sno，Sdept，Mname）中，有 Sno $\to$ Sdept，Sdept $\to$ Mname，所以 Mname 传递函数依赖于 Sno。

6.2.2　码

码是关系模式中的一个重要概念。第 2 章中已经学习了码的有关概念，在这里使用函数依赖的概念来定义码。

定义 6.4　设 K 为 $R<U$，$F>$ 中的属性或属性组合。若 $K \in U$，则 K 称为 R 的候选码（candidate key）。

若候选码多于一个，则选定其中的一个作为主码（primary key）。

注意： U 是完全函数依赖于 K，而不是部分函数依赖于 K。如果 U 部分函数依赖于 K，则 K 称为超码。候选码是最小的超码，即 K 的任意一个真子集都不是候选码。

若候选码多于一个，则选定其中的一个作为主码。

包含在任何一个候选码中的属性称为主属性；不包含在任何一个候选码中的属性称为非主属性。最极端的情况下，整个属性组是码，称为全码。

[例 6.5]

关系模式 S（<u>Sno</u>，Sdept，Sage），单个属性 Sno 是码，

SC（<u>Sno, Cno</u>，Grade）中，（Sno，Cno）是码。

[例 6.6]

关系模式 R（P，W，A）

P：演奏者；W：作品；A：听众。

一个演奏者可以演奏多个作品。

某一作品可被多个演奏者演奏。

听众可以欣赏不同演奏者的不同作品。

码为（P，W，A），即 all-key。

定义 6.5　关系模式 R 中属性或属性组 X 并非 R 的码，但 X 是另一个关系模式的（主码）码，则称 X 是 R 的外部码（foreign key），也称外码。

例如，在 SC（<u>Sno, Cno</u>，Grade）中，Sno 不是码，但 Sno 是关系模式 S（<u>Sno</u>，Sdept，Sage）的码，则 Sno 是关系模式 SC 的外部码。

主码与外部码一起提供了表示关系间联系的手段。

6.2.3　范式

范式是符合某一种级别的关系模式的集合。关系数据库中的关系 r 必须满足一定的要求。满足不同程度要求的为不同范式。R 的规范化程度→范式。满足最低要求的叫第一范式，简称 1NF；在第一范式中满足进一步要求的为第二范式，其余以此类推。一个

比一个要求更严格、更规范。

某一关系模式 R 为第 n 范式，可简记为 $R \in n\text{NF}$。

各种范式之间存在联系：

$1\text{NF} \supset 2\text{NF} \supset 3\text{NF} \supset \text{BCNF} \supset 4\text{NF} \supset 5\text{NF}$

一个低一级范式的关系模式，通过模式分解可以转换为若干个高一级范式的关系模式的集合，这种过程就叫规范化。

6.2.4　2NF

1NF 的定义：如果一个关系模式 R 的所有属性都是不可分的基本数据项，则 $R \in 1\text{NF}$。第一范式是对关系模式最起码的要求。不满足第一范式的数据库模式不能称为关系数据库，但是满足第一范式的关系模式并不一定是一个好的关系模式。

一个关系能够满足第一范式要求是最基本的要求，第一范式也就是规定关系中不能再有关系，关系中的属性都是最小项，不能再分。没有重复的行和列，也没有空行。

2NF 的定义：若 $R \in 1\text{NF}$，且每一个非主属性完全函数依赖于码，则 $R \in 2\text{NF}$。

采用投影分解法将一个 1NF 的关系分解为多个 2NF 的关系，可以在一定程度上减少原 1NF 关系中存在的插入异常、删除异常、数据冗余度大、修改复杂等问题。

将一个 1NF 的关系分解为多个 2NF 的关系，并不能完全消除关系模式中的各种异常情况和数据冗余。

3NF 的定义：关系模式 $R<U, F> \in 1\text{NF}$ 中若不存在这样的码 X、属性组 Y 及非主属性 Z（$Z \subseteq Y$），使得 $X \to Y$，$Y \to Z$ 成立，$Y \nrightarrow X$，则称 $R<U, F> \in 3\text{NF}$。若 $R \in 3\text{NF}$，则每一个非主属性既不部分依赖于码也不传递依赖于码。

BCNF 的定义：关系模式 $R<U, F> \in 1\text{NF}$，若 $X \to Y$ 且 $Y \nsubseteq X$ 时 X 必含有码，则 $R<U, F> \in \text{BCNF}$。等价于：每一个决定属性因素都包含码，存在主属性对码的部分依赖和传递依赖，排除了任何属性对码的传递依赖和部分依赖，所有属性（主属性+非主属性）不传递依赖于码。若 $R \in 1\text{NF}$，且能决定其他属性取值的属性（组）必定含有码，则 $R \in \text{BCNF}$。理解为：如果一个关系的每一个决定因素都是候选码。或如果 $R \in 3\text{NF}$，且不存在主属性对非码的函数依赖，当且仅当其 F 中每个依赖的决定因素必含 R 的某个候选码。即 3NF 消除了主属性对码的部分和传递函数依赖就为 BCNF。

若 $R \in \text{BCNF}$

所有非主属性对每一个码都是完全函数依赖。

所有的主属性对每一个不包含它的码，也是完全函数依赖。

没有任何属性完全函数依赖于非码的任何一组属性。

例如，关系模式 SJP（S，J，P）

S——学生，J——课程，P——名次。

函数依赖：（S，J）$\to P$；（J，P）$\to S$（无并列）。

（S，J）与（J，P）都可以作为候选码。

SJP$\in 3\text{NF}$　没有非主属性对码传递依赖或部分依赖。

SJP$\in \text{BCNF}$　（S，J）（J，P）都是决定因素。

4NF 的定义：关系模式 $R<U, F>\in 1NF$，如果对于 R 的每个非平凡多值依赖 $X\rightarrow\rightarrow Y$（$Y\subseteq X$），$X$ 都含有码，则 $R\in 4NF$。如果 $R\in 4NF$，则 $R\in BCNF$。不允许有非平凡且非函数依赖的多值依赖。允许的非平凡多值依赖实际是函数依赖。

4NF 就是限制关系模式的属性之间不允许有非平凡且非函数依赖的多值依赖。

在关系数据库中，对于关系模式的基本要求是满足第一范式，这样的关系模式就是合法的、允许的。但是，人们发现有些关系模式存在插入、删除异常，以及修改复杂、数据冗余等问题，需要寻求解决这些问题的方法，就是规范化的目的。

规范化的基本思想是逐步消除数据依赖中不合理的部分，使模式中的各个关系模式达到某种程度的“分离”，即“一事一地”的模式设计原则。让一个关系描述一个概念、一个实体或者实体间的一个联系。若多于一个概念就把它分离出去。我们说规范化就是单一化。

人们认识这个原则经历了漫长的过程。从认识非主属性的部分函数依赖的危害开始，2NF、3NF、BCNF、4NF 的相继提出是这个认识过程逐步深化的标志，如图 6-1 所示。

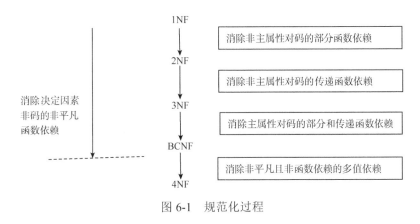

图 6-1　规范化过程

6.3　本章小结

本章在函数依赖、多值依赖的范畴内讨论了关系模式的规范化，在整个讨论过程中，只采用了两种关系运算——投影和自然连接，并且总是从一个关系模式出发，而不是从一组关系模式出发实行分解。“等价”的定义也是一组关系模式与关系模式的“等价”，这就是说，在开始讨论问题时事实上已经假设存在一个单一的关系模式，这就是泛关系。本章知识点理论性比较强，学习时需要集中注意力。

习　题

一、选择题

1. 对于关系模式进行规范化的主要目的是（　　　）。

A. 提高数据操作效率　　　　　　　　B. 维护数据的一致性

C. 加强数据的安全性　　　　　　　　D. 为用户提供更快捷的数据操作
2. 关系模式中的插入异常是指（　　　）。
   A. 插入的数据违反了实体完整性约束
   B. 插入的数据违反了用户定义的完整性约束
   C. 插入了不该插入的数据
   D. 应该被插入的数据不能被插入
3. 如果有函数依赖 $X \to Y$，并且对于 X 的任意真子集 X'，都有 $X' \to Y$，则称（　　　）。
   A. X 完全函数依赖于 X　　　　　　B. Y 部分函数依赖于 X
   C. Y 完全函数依赖于 X　　　　　　D. Y 部分函数依赖于 X
4. 如果有函数依赖 $X \to Y$，并且对 X 的某个真子集 X'，$X' \to Y$ 成立，则称（　　　）
   A. Y 完全函数依赖于 X　　　　　　B. Y 部分函数依赖于 X
   C. X 完全函数依赖于 Y　　　　　　D. X 部分函数依赖于 Y
5. 若 $X \to Y$，$Y \to Z$ 在关系模式 R 上成立，则 $X \to Z$ 在 R 上也成立。该推理规则称为（　　　）。
   A. 自反规则　　　　B. 增广规则　　　　C. 传递规则　　　　D. 伪传递规则
6. 若关系模式 R 中属性 A 仅出现在函数依赖的左部，则 A 为（　　　）。
   A. L 类属性　　　　B. R 类属性　　　　C. N 类属性　　　　D. LR 类属性
7. 若关系模式 R 中属性 A 是 N 类属性，则 A（　　　）。
   A. 一定不包含在 R 的任何候选码中
   B. 可能包含也可能不包含在 R 的候选码中
   C. 一定包含在 R 的某个候选码中
   D. 一定包含在 R 的任何候选码中
8. 有关系模式：学生（学号，姓名，所在系，系主任），设一个系只有一个系主任，则该关系模式至少是（　　　）。
   A. 第一范式　　　　B. 第二范式　　　　C. 第三范式　　　　D. BC 范式
9. 下列关于关系模式与范式的说法，错误的是（　　　）。
   A. 任何一个只包含两个属性的关系模式一定属于 3NF
   B. 任何一个只包含两个属性的关系模式一定属于 BCNF
   C. 任何一个只包含两个属性的关系模式一定属于 2NF
   D. 任何一个只包含三个属性的关系模式一定属于 3NF
10. 有关系模式：借书（书号，书名，库存量，读者号，借书日期，还书日期），设一个读者可以多次借阅同一本书，但对一种书（用书号唯一标识）不能同时借多本。该关系模式的主码是（　　　）。
   A. （书号，读者号，借书日期）　　　B. （书号，读者号）
   C. （书号）　　　　　　　　　　　　D. （读者号）

二、填空题

1. 在关系模式 R 中，若属性 A 只出现在函数依赖的右部，则 A 是_____类属性。
2. 若关系模式 $R \in 2NF$，则 R 中一定不存在非主属性对主码的_____函数依赖。
3. 若关系模式 $R \in 3NF$，则 R 中一定不存在非主属性对主码的_____函数依赖。
4. 在关系模式 R 中，若属性 A 不在任何函数依赖中出现，则 A 是_____类属性。

5. 关系数据库中的关系表至少都满足_____范式要求。

6. 若关系模式 R 的主码只包含一个属性，则 R 至少属于第_____范式。

7. 若关系模式 R 中所有的非主属性都完全函数依赖于主码，则 R 至少属于第_____范式。

三、简答题

1. 简要叙述下面名词的含义。

函数依赖、部分依赖、传递依赖、完全依赖、范式、多值依赖

2. 简述超码、主码、主属性、非主属性的概念。

3. 简述 1NF，2NF，3NF，4NF，BCNF 的联系以及区别。

4. 关系规范化中的操作异常有哪些？它是由什么引起的？解决的办法是什么？

5. 第三范式的关系模式是否一定不包含部分函数依赖关系？

6. 设有关系模式 R（A，B，C，D），$F=\{D \rightarrow A，D \rightarrow B\}$。

（1）求 D^+。

（2）求 R 的全部候选码。

第 7 章　数据库设计

本章讨论数据库设计的技巧和方法，主要讨论基于关系数据库管理系统的关系数据库设计问题。

7.1　数据库设计概述

数据库设计虽然是一项应用课题，但是它涉及的内容非常广泛，所以，设计一个性能良好的数据库并非是件容易的事情。对于数据库只要学过计算机的或者说懂得计算机的人都可以设计出来，但是设计的数据库能不能符合要求，能不能应用是关键。数据库设计的质量与设计者的知识、经验和水平有密切的关系。

1. 数据库设计中面临的主要困难和问题

（1）懂得计算机与数据库的人一般都缺乏应用业务知识和实际经验，而熟悉应用业务的人又往往不懂计算机和数据库，同时具备这两方面知识的人很少。

（2）开始时往往不能明确应用业务的数据库系统的目标。

（3）缺乏很完善的工具和方法。

（4）用户的要求开始不是很明确，而是在设计的过程中逐渐明确的。

（5）应用业务千差万别，设计一款适合某一个行业所有业务的数据库是不可能的，每个用户的情况不一样，要求也是有变化的。

进行数据库的设计时，必须明确系统的目标，这样可以确保开发工作进展顺利，并能提高工作效率，保证数据模型的准确和完整。数据库设计的最终目标是数据库必须能够满足客户对数据的存储和处理需求，同时定义系统长期和短期目标。换句话说，数据库设计的目标就是要设计一套适合用户应用的、高效方便的数据库系统。要达到管理方便，维护简单，高效服务于用户的目的。

那么什么是数据库设计呢？广义的数据库设计是指数据库及其应用系统的设计，即设计整个数据库应用系统；狭义的数据库设计是指设计数据库本身，即设计数据库的各级模式并建立数据库，这是数据库应用系统设计的一部分。

2. 一个优秀的数据库应具备的特点

大型数据库的设计和开发是一项庞大的工程，是涉及多学科的综合性技术。数据库建设是指数据库应用系统从设计、实施到运行维护的全过程。数据库建设和一般的软件系统的设计、开发、运行与维护有许多相同之处，更有其自身的特点。

（1）功能强大，结构简单，对用户是透明的。

（2）能准确地表示业务数据。

（3）使用方便，易于维护。

（4）对最终用户操作的响应时间合理。

（5）便于数据库结构的改进。

（6）便于数据库的检索与修改。

（7）数据库易于维护，维护次数较少。

（8）数据库较为安全，易于控制。

（9）数据库冗余度最少。

（10）便于灾难恢复和数据备份。

7.1.1　数据库设计的特点

1. 数据库设计的基本规律

"三分技术，七分管理，十二分基础数据"是数据库设计的特点之一。在数据库建设中不仅需要设计技术，还需要设计管理。要建设好一个数据库应用系统，开发技术很重要，但是管理更加重要。再好的数据库，管理上不去，经常出现故障，也发挥不出数据库的优势。

人们在数据库建设的长期实践中深刻认识到，一个企业数据库建设的过程是企业管理模式的改革和提高过程。只有把企业的管理创新做好，才能实现技术创新并建设好一个数据库应用系统。"十二分基础数据"则强调了数据的收集、整理、组织和不断更新是数据库建设中的重要环节。基础数据在数据库中作用非常大，但收集也比较麻烦，是最细致的工作，在以后数据库运行中更需要不断地把新数据加到数据库中，把历史数据加入数据仓库中，以便于进行数据分析挖掘，提升业务管理水平，提高企业竞争力。

2. 结构设计和行为设计相互分离

结构设计是指数据库的模式结构设计，包括概念结构、逻辑结构和存储结构。行为设计是指应用程序设计，包括功能组织、流程控制等方面的设计。传统的软件工程比较重视处理过程的设计，不太重视数据结构的设计。在一般的应用程序设计中，只要可能，应尽量推迟数据库结构的设计，这种方法对于数据库设计就不太适用。

7.1.2　数据库设计方法

为了使数据库设计更加合理、有效，需要有效的指导原则，这种原则称为数据库设计方法。

首先，一个好的数据库设计方法，应该能在合理的期限内，以合理的工作量，产生一个有实用价值的数据库结构。也就是说能够满足用户关于功能、性能、安全性、完整性及发展需求等方面的要求，同时又服从特定 DBMS 的约束，可以用简单的数据模型来表达。其次，数据库设计方法还应具有足够的灵活性和通用性，不但能够为具有不同经验的人所使用，而且不受数据模型及 DBMS 的限制。最后，数据库设计方法应该是可以再生的，即不同的设计者使用同一方法设计同一问题时，可以得到相同或相似的设计结果。

多年来，人们经过不断的努力和探索，提出了各种数据库设计方法。其中的新奥尔良法是一种比较著名的数据库设计方法，这种方法将数据库设计分为四个阶段：需求分析、概念设计、逻辑结构设计和物理结构设计，如图 7-1 所示。

图 7-1　新奥尔良法的数据库设计阶段

S.B.Yao 等将数据库设计分为五个阶段，主张数据库设计应包括设计系统开发的全过程，并在每一阶段结束时进行评审，以便及早发现设计错误并纠正。各阶段也不是严格线性的，而是采取反复探寻、逐步求精的方法。还有基于 E-R 模型的数据库设计方法、基于第三范式的设计方法、基于抽象语法规范的设计方法等都是在数据库设计的不同阶段使用的具体技术和方法。

数据库设计方法从本质上看，仍然是手工设计方法，其基本思想是过程迭代和逐步求精。

7.1.3　数据库设计的基本步骤

按照结构化系统设计的方法，考虑数据库及其应用系统开发全过程，将数据库设计分为六个阶段。

（1）需求分析。

（2）概念结构设计。

（3）逻辑结构设计。

（4）物理结构设计。

（5）数据库实施。

（6）数据库运行与维护。

在数据库设计过程中，需求分析和概念结构设计可以独立于任何数据库管理系统进行，逻辑结构设计和物理结构设计与选用的数据库管理系统密切相关。

数据库设计开始之前，首先必须选定参加设计的人员，包括系统分析人员、数据库设计人员、应用开发人员、数据库管理员和用户代表。系统分析和数据库设计人员是数据库设计的核心人员，将自始至终参加数据库的设计与开发，其水平高低决定了数据库的质量。用户代表和数据库管理员只参与需求分析，在数据库设计开发过程中作用不大。

1. 需求分析阶段

进行数据库设计首先必须准确了解与分析用户需求。需求分析是整个设计过程的基础，也是非常重要的环节，是数据库设计的"地基"，需求分析如果做得不好，可能会导致整个数据库设计返工重做。

2. 概念设计阶段

概念结构设计是整个数据库设计的关键，它通过对用户需求进行综合、归纳与抽象，形成一个独立于具体数据库管理系统的概念模型。

3. 逻辑结构设计阶段

逻辑结构设计是将概念结构转换为某个数据库管理系统所支持的数据模型,并对其进行优化。

4. 物理结构设计阶段

物理结构设计是为逻辑数据模型选取一个最适合应用环境的物理结构,包括存储结构和存取方法。

5. 数据库实施阶段

在数据库实施阶段,设计人员运用数据库管理系统提供的数据库语言及其宿主语言,根据逻辑设计和物理设计的结果建立数据库,编写与调试应用程序,组织数据入库,并进行试运行。

6. 数据库运行与维护阶段

数据库应用系统经过试运行后即可投入正式运行。在数据库系统运行过程中必须不断地对其进行评估、调整与修改。

数据库的设计是一个不断进行修改调试的过程,在没有设计完成之前,整个数据库就处于不断地修改调试之中。

7.2 需 求 分 析

需求分析简单地说就是分析用户的要求。需求分析是设计数据库的第一步,需求分析的结果是否准确反映用户的实际要求将直接影响到后面各阶段的设计,并影响到设计结果是否合理和实用。

7.2.1 需求分析的任务

需求分析的任务是通过详细调查现实世界要处理的对象,充分了解系统的工作情况,明确用户的各种需求,然后在此基础上确定新系统的功能。新系统必须充分考虑今后可能的扩展和改变,不能仅仅按当前应用需求来设计数据库。

调查的重点是"数据"和"处理",通过调查、收集与分析,获得用户对数据库的如下要求。

(1)信息要求。信息要求指用户需要从数据库中获得信息的内容与性质。由信息要求可以导出数据要求,即在数据库中需要存储哪些数据。

(2)处理要求。处理要求指用户要完成的数据处理功能,对处理性能的要求。

(3)安全性与完整性要求。

确定用户的最终需求是一件不容易的事情,因为一方面用户缺乏计算机知识,无法确定计算机究竟能为自己做什么、不能做什么,因此往往不能准确地表达自己的需求,所提出的需求不断变化;另一方面设计人员必须不断深入地与用户交流,才能逐步确定用户的实际需求。

7.2.2　需求分析的方法

进行需求分析首先是调查清楚用户的实际要求，与用户达成共识，然后分析与表达这些需求。

调查用户需求的重点是"数据"和"处理"，为达到这一目的，调查前要拟定调查提纲，调查时要抓住两个"流"，即信息流与处理流。而且调查中要不断地将这两个"流"结合起来。调查的任务是调研现行系统的业务活动规则，并提取描述系统业务的实现系统模型。

通常，调查用户的需求包括三方面内容，即系统的业务现状、信息源流及外部要求。

（1）系统的业务现状，包括业务方针政策、系统的组织结构、业务内容、约束条件和各种业务的全过程。

（2）信息源流，包括各种数据的类型、种类及数据量、各种数据的源头及流向、数据的产生及修改情况等。

（3）外部要求，包括对数据保密性的要求，对输出表的要求，对各种数据精度的要求等。

在调查过程中，可以根据不同的问题和条件使用不同的调查方法。常用的调查方法有如下几种。

（1）跟班作业。通过亲身参加业务工作来了解业务活动情况。

（2）开调查会。通过与用户座谈来了解业务活动情况及用户需求。

（3）请用户比较熟悉业务的人来介绍。

（4）询问。对某些调查中的问题可以找专人询问。

（5）问卷法。设计一些问卷进行问卷调查分析。

（6）查阅记录。查阅与原系统有关的数据记录。

做需求调查时往往需要同时采用上述多种方法，但无论使用何种调查方法，都必须有用户的积极参与和配合。

调查了解用户需求以后，还需要进一步分析和表达用户的需求，在众多分析方法中，结构化分析（SA）方法是一种简单实用的方法。SA 方法从最上层的系统组织机构入手，采用自顶向下、逐步分解的方式分析系统。

7.2.3　需求分析的工具

系统需求说明书是需求分析阶段的重要成果，它的主要内容是画出数据流图，建立数据字典。数据流图技术在软件工程或管理信息系统类教材中有专门的讲授，本书简要提一下。

1. 数据流图

数据流图是从数据传递和加工角度，以图形方式来表达系统的逻辑功能、数据在系统内部的逻辑流向和逻辑变化过程，是结构化分析方法的主要表达工具。数据流图有四种符号，即外部实体、数据流向、数据加工和数据存储，如图 7-2 所示。

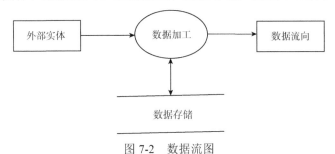

图 7-2　数据流图

（1）外部实体一般用矩形框表示，反映数据的来源和去向，可以是人、物或其他软件系统。

（2）数据流向一般用箭头表示。

（3）数据加工一般使用椭圆或圆表示，数据加工又称为数据处理。

（4）数据存储一般用两条平行线表示，表示信息的静态存储，可以代表文件、文件的一部分、数据库元素等表示数据的存档。

绘制单张数据流图时，必须注意以下原则。

（1）一个加工的输出数据流不应与输入数据流同名，即使它们的组成成分相同。

（2）保持数据守恒，也就是说输出的数据必须从输入获得。

（3）每个加工必须既有输入流也有输出流。

（4）所有的数据流必须以一个外部实体开始，并以一个外部实体结束。

（5）外部实体之间不应该存在数据流。

2. 数据字典

数据字典是对数据的数据项、数据结构、数据流、数据存储、处理逻辑、外部实体等进行定义和描述，其目的是对数据流图中的各个元素做出详细的说明。需求分析的结果就是得到数据字典，这个数据字典是没有经过加工的原始的数据字典。

1）数据项

数据项是不可再分的数据单位。对数据项的描述通常包括以下内容。

数据项描述={数据项，数据项含义说明，别名，数据类型，长度，取值范围，取值含义，与其他数据项的逻辑关系，数据项之间的联系}

2）数据结构

数据结构反映了数据之间的组合关系。一个数据结构可以由若干个数据项组成，也可以由若干个数据结构组成，或由若干个数据项和数据结构混合组成。对数据结构的描述通常包括以下内容。

数据结构描述={数据结构名，含义说明，组成：{数据结构项或数据结构}}

3）数据流

数据流是数据结构在系统内部传输的路径。对于数据流的描述通常包括以下内容。

数据流描述={数据流名，说明，数据流来源，数据流向，组成：{数据结构}，平均

流量，高峰期流量}

4）数据存储

数据存储是数据结构停留或保存的地方，也是数据流的来源和去向。

数据存储描述={数据存储名，说明，编号，输入的数据流，输出的数据流，组成：{数据结构}，数据量，存取频度，存取方式}

5）处理过程

处理过程的具体处理逻辑一般用判定表或判定树来描述。数据字典中只需要描述处理过程的说明性信息即可，通常包括以下内容：

处理过程描述={处理过程名，说明，输入：{数据流}，输出：{数据流}，处理：{简要说明}}

7.3　概念结构设计

通过需求分析得到的用户需求抽象为信息结构的过程就是概念设计。它是整个数据库设计的关键。需求分析得到的是数据字典，通过数字字典进行信息化就是我们说的概念模型。

7.3.1　概念模型

在需求分析阶段所得到的应用需求应该首先抽象为信息世界的结构，然后才能更好、更准确地用某一数据库管理系统实现这些需求。

概念模型的主要特点有如下方面。

（1）能真实、准确地反映现实世界，包括事物和事物之间的联系，能满足用户对数据的处理要求，是现实世界的一个真实模型。

（2）容易被理解，便于被人看懂，有利于和专业人士进行交流沟通。

（3）易于更改，当应用环境和应用要求改变时容易对概念模型进行修改和扩充。

（4）易于向关系、网状、层次等各种数据模型转换。

概念模型是各种数据模型的共同基础，它比数据模型更独立于机器、更抽象，从而更加稳定。描述概念模型的有力工具就是 E-R 模型。

7.3.2　E-R 模型

P.P.S.chen 提出的 E-R 模型是用 E-R 图来描述现实世界的概念模型。

1. 实体之间的联系

在现实世界中，事物内部以及事物之间是有联系的。实体内部的联系通常是指组成实体的各属性之间的联系，实体之间的联系通常是指不同实体型的实体集之间的联系。

两个实体型之间的联系可以分为以下三种情况。

（1）一对一联系（1:1）。如果对于实体集 A 中的每一个实体，实体集 B 中至多有一个（也可能没有）实体与之联系，反之亦然，则称实体集 A 与实体集 B 具有一对一联系，记为 $1:1$。例如，一个学校只有一个正校长，正校长与学校之间就是一对一联系。一个班级只有一个正班长，一个正班长只能对应一个班级，班级与正班长之间就是一对一的关系。

（2）一对多联系（$1:n$）。如果对于实体集 A 中的每一个实体，实体集 B 中有 n 个实体（$n \geq 0$）与之联系，反之，对于实体集 B 中的每一个实体，实体集 A 中至多只有一个实体与之联系，则称实体 A 与实体 B 有一对多联系，记为 $1:n$。例如，人与出生地，一个地方有多个人出生，但一个人只有一个出生地，人与出生地就是一对多的关系。班级与学生之间就是一对多的关系。

（3）多对多联系（$m:n$）。如果对于实体集 A 中的每一个实体，实体集 B 中有 n 个实体（$n \geq 0$）与之联系，反之，对于实体集 B 中的每一个实体，实体集 A 中也有 m 个实体（$m \geq 0$）与之联系，则称实体集 A 与实体集 B 具有多对多联系，记为 $m:n$。

可以用图形来表示两个实体型之间的这三类联系，如图 7-3 所示。

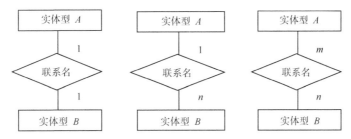

图 7-3　两个实体型之间的三种联系

2. E-R 图

E-R 图提供了表示实体型、属性和联系的方法。

（1）实体型用矩形表示，矩形框内写明实体名。

（2）属性用椭圆形表示，并用无向边将其余相应的实体型连接起来。

（3）联系用菱形表示，菱形框内写明联系名，并用无向边分别与有关实体型连接起来，同时在无向边旁标上联系的类型（$1:1$，$1:n$，$m:n$）。

需要注意的是，如果一个联系具有属性，则这些属性也要用无向边与该联系连接起来。

例如，学生、课程、教师三个实体对应的属性，实体-属性图如图 7-4～图 7-6 所示。

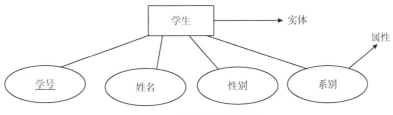

图 7-4　学生实体-属性图

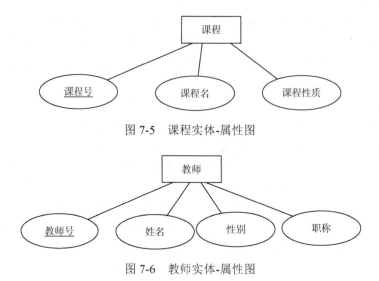

图 7-5　课程实体-属性图

图 7-6　教师实体-属性图

　　从图 7-4～图 7-6 中可以看出，学号、课程号、教师号下面都有一条下画线，这三个属性为主属性，一般在 E-R 图中，主属性下面用一条下画线标识。

　　那么学生与课程之间有什么关系呢？一门课程可以有很多学生学，同一个学生可以学习好几门课程，课程和学生之间是多对多的关系。课程和老师之间，一门课程可以被几个老师教，一个老师也可以教几门课程，课程和老师之间也是多对多的关系。老师和学生之间的关系，一个学生可以被多个老师教，同时一个老师也可以教很多学生，学生和老师之间也是多对多的关系。教师、学生、课程三个实体之间的完整 E-R 图如图 7-7 所示。

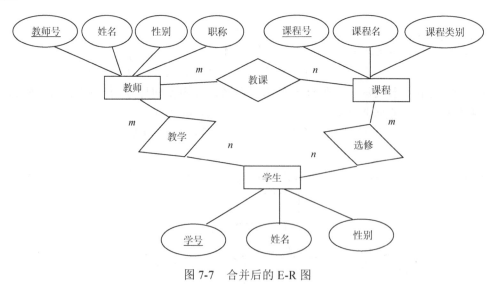

图 7-7　合并后的 E-R 图

7.4　逻辑结构设计

概念结构是独立于任何数据模型的信息结构，逻辑结构设计的任务就是把概念结构设计阶段设计好的基本 E-R 图转换为与选用数据库管理系统产品所支持的数据模型相符合的逻辑结构。

目前的数据库应用系统都采用支持关系模型的关系数据库管理系统，所以这里只介绍 E-R 图向关系模型转换的原则与方法。

E-R 图向关系模型转换要解决的问题是，如何将实体和实体之间的联系转换为关系模式，如何确定这些关系模式的属性和码。

关系模型的逻辑结构是一组关系模式的集合。E-R 图则是由实体型、实体的属性和实体型之间的联系三个要素组成，所以将 E-R 图转换为关系模型实际上就是要将实体型、实体的属性和实体型之间的联系转换为关系模式。基本转换原则是：一个实体型转换为一个关系模式，关系的属性就是实体的属性，关系的码就是实体的码。

对于实体型之间的联系有以下不同的情况。

（1）一个 $1:1$ 联系可以转换为一个独立的关系模式，也可以与任意一端对应的关系模式合并。如果转换为一个独立的关系模式，则与该联系相连的各实体的码以及联系本身的属性均转换为关系的属性，每个实体的码均是该关系的候选码。

（2）一个 $1:n$ 联系可以转换为一个独立的关系模式，也可以与 n 端对应的关系模式合并。如果转换为一个独立的关系模式，则与该联系相连的各实体的码以及联系本身的属性均转换为关系的属性，而关系的码为 n 端实体的码。

（3）一个 $m:n$ 联系转换为一个关系模式，与该联系相连接的各个实体的码以及联系本身的属性均转换为关系的属性，各实体的码组成关系的码或关系码的一部分。

（4）三个或三个以上实体之间的一个多元联系可以转换为一个关系模式。与该多元联系相连的各实体的码以及联系本身的属性均转换为关系属性，各实体的码组成关系的码或关系码的一部分。

（5）具有相同码的关系模式可合并。

把图 7-7 转换为关系模式为

学生（学号，姓名，性别）

教师（教师号，姓名，性别，职称）

课程（课程号，课程名，课程类别）

7.5　物理结构设计

数据库在物理设备上的存储结构与存取方法称为数据库的物理结构，它依赖于选定的数据库管理系统。为一个给定的逻辑数据模型选取一个最合适的物理结构的过程就是数据库的物理结构设计。

数据库的物理结构设计分为两步。

（1）确定数据库的物理结构，在关系数据库中主要指存取方法和存储结构。

（2）对物理结构进行评价，评价的重点是时间和空间效率。

如果评价结构满足设计的要求，则可以进入物理实施阶段，否则就需要重新设计或修改物理结构，有时甚至要返回逻辑设计阶段修改数据模型。

1. 物理结构设计的内容和方法

物理数据库设计得好，可以使各事务的响应时间短，存储空间的利用率高、事务吞吐量大。因此，设计数据库时首先要对经常用到的查询和对数据进行更新的事务进行详细分析，以获得物理结构设计所需要的各种参数；其次要充分了解使用 DBMS 的内部特征，特别是系统提供的存取方法和存储结构。

对于数据查询，需要得到如下信息。

（1）查询涉及的关系。

（2）查询条件涉及的属性。

（3）连接条件涉及的属性。

（4）查询列表中涉及的属性。

对于更新数据事务，需要得到如下信息。

（1）更新涉及的关系。

（2）每个关系上的更新条件涉及的属性。

（3）更新操作涉及的属性。

除此以外，还需要了解每个查询或事务在各关系上的运行频率和性能要求。需要注意的是，在数据库上运行的操作和事务是不断变化的，因此需要根据这些操作的变化不断调整数据库的物理结构，以获得最佳的数据库性能。

通常关系数据库的物理结构设计主要包括确定数据的存取方法和确定数据的存储结构。

1）确定数据的存取方法

存取方法是快速存取数据库中数据的技术。数据库管理系统一般都提供多种存取方法，具体采取哪种存取方法由系统根据数据的存储方式决定，用户一般不能干预。

通常情况下，用户可以通过建立索引的方法来提升数据的查询效率，如果建立了索引，系统就可以利用索引查找数据。

建立索引的一般原则如下。

（1）如果某个（某些）属性常作为查询条件，则考虑在这个属性上建立索引。

（2）如果某个属性经常作为表的连接条件，则考虑在这个属性上建立索引。

（3）如果某个属性经常作为分组的依据，则考虑在这个属性上建立索引。

（4）对经常进行连接操作的表建立索引。

在一个表上可以建立多个索引，但只能建立一个聚集索引。

需要注意的是，索引一般可以提高数据查询性能，但会降低数据修改性能。因为在进行数据修改时，系统要同时对索引进行维护，使索引与数据保持一致。维护索引需要占用相当多的时间，而且存放索引信息也会占用空间资源。因此，在决定是否建立索引时，要权衡数据库的操作。如果查询的数据较多，并且对查询的性能要求较高，则可以考虑多建索引；如果数据更改多，并且对更改的效率要求比较高，则可以少建索引。

2）确定数据的存储结构

物理结构设计中一个重要的考虑就是确定数据记录的存储方式。一般的存储方式如下。

（1）顺序存储。顺序存储方式的平均查找次数为表中记录的二分之一。

（2）散列存储。散列存储方式的平均查找次数由散列算法决定。

（3）聚集存储。为了提高某个属性（或属性组）的查询速度，可以把这个或这些属性上具有相同值的元组集中放到连续物理块上，这样的存储方式称为聚集存储。

一般而言，用户可以通过建立索引的方法来改变数据的存储方式。但在其他情况下，数据是采用顺序存储还是散列存储，或其他的存储方式，是由数据库管理系统根据数据的具体情况决定的，一般都会为数据库选择一个最合适的存储方式，用户不需要，也不能对此进行干预。

2. 物理结构设计的评价

物理结构设计过程中要对时间效率、空间效率、维护代价和各种用户要求进行权衡，其结果可以产生多种方案，数据库设计者必须对这些方案进行细致的评价，从中选择一个优秀的方案作为数据库的物理结构。

评价物理结构设计的方法完全依赖于具体的 DBMS，主要考虑操作开销，即为使用户获得及时、准确的数据所需的开销和计算机资源的开销。具体可分为以下几类。

（1）查询和响应时间。响应时间是从查询开始到查询结果开始显示之间所经历的时间。一个好的应用程序设计可以减少 CPU 时间和 I/O 时间。

（2）更新事务的开销。更新事务的开销主要包括修改索引、重组、排序和结果显示。

（3）生成报告的开销。生成报告的开销主要包括索引、重组、排序和结果显示。

（4）主存储器空间的开销。主存储器空间的开销包括程序和数据占用的空间。对数据库设计者来说，一般可以对缓冲区做适当的控制，如缓冲区个数和大小。

（5）辅助存储器的空间开销。辅助存储空间分为数据块和索引块两种，设计者可以控制索引块的大小、索引块的充满度等。

实际上，数据库设计者只能对 I/O 和辅助空间进行有效控制。其他方面是有限的控制或者根本就不能控制。

7.6 数据库的实施和维护

完成数据库的物理设计之后，设计人员就要用关系数据库系统提供数据定义语言和其他实用程序将数据库逻辑设计与物理设计结果严格地描述出来，成为关系数据库管理系统可以接受的源代码，再经过调试产生目标模式，然后就可以组织数据入库了，这就是数据库实施阶段。

7.6.1　数据的载入和应用程序的编码与调试

数据库实施阶段包括两项重要的工作：一项是数据的载入，另一项是应用程序的编码与调试。

一般数据库系统中的数据都很大，而且来源于部门中各个不同的单位，数据的组织方式、结构和格式都与新设计的数据库系统有相当的差距。组织数据载入就要将各类源数据从各个局部应用中抽取出来，输入计算机，再分类转换，最后综合成符合新设计的数据库结构的形式，输入数据库。因此，这样的数据转换、组织入库的工作是相当费力、费时间的。

现有的关系数据库系统一般都提供不同关系数据库管理系统之间数据转换的工具，若原来是数据库系统，就要充分利用新系统的数据转换工具。

数据库应用程序的设计应该与数据库设计同时进行，因此在组织数据库的同时还要调试应用程序。应用程序的设计、编码和调试的方法、步骤在软件工程等课程中都有详细讲解，这里不再说明。

7.6.2　数据库的试运行

在原有系统的数据有一小部分已输入数据库后，就可以对数据库系统进行联合调试了，这称为数据库的试运行。

在数据库试运行期间要测试数据库的性能指标，分析其是否达到设计目标。在对数据库进行物理设计时已经初步确定了系统的物理参数值，但一般情况下，设计时的考虑在许多方面只是近似估计，和实际系统运行总有一定差距，因此必须在试运行阶段实际测量和评价系统性能指标。事实上，有些参数的最佳值往往是经过运行调试后得到的。如果测试的结果与设计目标不符合，则要返回物理设计阶段重新调整物理结构，修改系统参数，某些情况下甚至要返回逻辑设计阶段修改逻辑结构。

7.6.3　数据库的运行和维护

数据库试运行合格后，数据库开发工作基本就完成，可以投入正式运行了。但是由于应用环境在不断变化，数据库运行过程中物理存储也会不断变化，对数据库设计进行评价、调整、修改等维护工作是一个长期的任务，也是设计工作的继续和提高。

在数据库运行阶段，对数据库经常性的维护工作主要是由数据库管理员完成的。数据库的维护工作主要包括以下几个方面。

1. 数据库的转存储和恢复

数据库的转存储和恢复是系统正式运行后最重要的维护工作之一。数据库管理员要针对不同的应用要求制订不同的转存储计划，以保证一旦发生故障能尽可能快地将数据库恢复到某种一致的状态，并尽可能减少对数据库的破坏。

2. 数据库的安全性与完全控制

在数据库运行过程中，由于应用环境的变化，对安全性的要求也会发生变化，如有的数据原来是机密的，现在则可以公开查询，而新加入的数据又可能是机密的。

3. 数据库性能的监督、分析和改造

在数据库运行过程中，监督系统运行，对检测数据进行分析，找出改进系统性能的方法是数据库管理员的又一重要任务。数据库管理员应该仔细分析这些数据，判断当前系统运行状况是否为最佳，应当做哪些改进，如调整系统物理参数或对数据库进行重新组织或重构造等。

4. 数据库的重组织与重构造

数据库运行一段时间后，由于记录不断增、删、改，会使数据库的物理存储情况变坏，降低数据的存取效率，使数据库性能下降，这时数据库管理员就要对数据库进行重组织或部分组织。关系数据库一般都提供重组织用的实用程序。在重组织的过程中，按原设计要求重新安排存储位置、回收垃圾、减少指针链等，以提高系统性能。

数据库的重组织并不修改原设计的逻辑和物理结构，而数据库的重构造则不同，它是指部分修改数据库的模式和内模式。

7.7　本 章 小 结

本章主要讨论数据库设计的步骤和方法。列举了较多的实例，详细介绍了数据库设计各个阶段的目标、方法以及应注意的事项，其中重点是概念结构的设计和逻辑结构的设计，这也是数据库设计过程中最重要的两个环节。

概念结构的设计主要介绍了 E-R 模型的基本概念和图示方法。应重点掌握实体型、属性和联系的概念，理解实体型之间的一对一、一对多和多对多联系。掌握 E-R 模型的设计以及把 E-R 模型转换为关系模型的方法。

学习本章要努力掌握书中讨论的基本方法，还要能在实际工作中运用这些思想设计符合应用需求的数据库模式和数据库应用系统。

习　　题

一、单项选择题

1. 下列关于数据库设计方法的说法中错误的是（　　　）。
   A. 数据库设计的一种方法是以信息需求为主，兼顾处理需求，这种方法称为面向数据的设计方法
   B. 数据库设计的一种方法是以处理需求为主，兼顾信息需求，这种方法称为面向过程的设计方法
   C. 面向数据的设计方法可以较好地反映数据的内在联系

D. 面向过程的设计方法不但可以满足当前应用的需要，还可以满足潜在应用的需求
2. 数据库技术中，独立于计算机系统的模型是（　　　）。
   A. E-R 模型　　　　　　　　　　　　B. 层次模型
   C. 关系模型　　　　　　　　　　　　D. 面向对象的模型
3. 下列关于数据库设计步骤的说法错误的是（　　　）。
   A. 数据库设计一般分为四步：需求分析、概念设计、逻辑设计和物理设计
   B. 数据库的概念模式独立于任何数据库管理系统，不能直接用于数据库实现
   C. 物理设计阶段对数据库性能影响已经很小
   D. 逻辑设计是在概念设计的基础上进行的
4. 下列关于数据库概念设计数据模型的说法错误的是（　　　）。
   A. 可以方便地表示各种类型的数据及其相互关系和约束
   B. 针对计算机专业人员
   C. 组成模型定义严格，无多义性
   D. 具有使用图形表示的概念模型
5. 下列说法正确的是（　　　）。
   A. 数据库设计中概念设计的直接结果是 DBMS
   B. 数据库设计中概念设计的直接结果是 E-R 图
   C. 数据库设计中物理设计就是概念设计
   D. 概念设计需要大量的调研与需求分析。但需求分析不重要
6. 一个学生可以同时借阅多本书，一本书只能由一个学生借阅，学生和图书之间为
   （　　　）联系。
   A. 一对一　　　　　　B. 一对多　　　　　　C. 多对多　　　　　　D. 多对一
7. 一个仓库可以存放多种零件，每一种零件可以存放在不同的仓库，仓库和零件之间为
   （　　　）联系。
   A. 一对一　　　　　　B. 一对多　　　　　　C. 多对多　　　　　　D. 多对一
8. 一台机器可以加工多种零件，每一种零件可以在多台机器上加工，机器和零件之间为
   （　　　）联系。
   A. 一对一　　　　　　B. 一对多　　　　　　C. 多对多　　　　　　D. 多对一
9. 一个公司只能有一个经理，一个经理只能在一个公司担任职务，公司和总经理职务之
   间为（　　　）联系。
   A. 一对一　　　　　　B. 一对多　　　　　　C. 多对多　　　　　　D. 多对一
10. 一般不适合建立索引的属性是（　　　）。
    A. 主键码和外键码
    B. 可以从索引直接得到查询结果的属性
    C. 对于范围查询中使用的属性
    D. 经常更新的属性
11. 下列关于改善数据库性能的一些措施，说法不正确的是（　　　）。
    A. 连接是开销比较大的运算，应该减少连接运算

  B. 数据库的性能与数据库的物理设计关系密切，数据库的逻辑设计对它没有影响

  C. 关系的大小对查询的速度影响很大，为了提高查询速度，可以把一个大关系分解
　　成很多小关系

  D. 不少应用项目只需数据在某一时间的值，在这种场合应尽可能使用快照

二、多项选择题

1. 下列关于数据库设计的说法，正确的有（　　　）。

  A. 信息需求表示一个单位所需要的数据及其结构

  B. 处理需求表示一个单位所需要经常进行的数据处理

  C. 信息需求表达了对数据库的内容及结构的要求，是动态需求

  D. 处理需求表达了基于数据库的数据处理要求，是静态需求

2. 数据库设计包含的阶段有（　　　）。

  A. 需求分析   B. 概念设计

  C. 逻辑设计   D. 物理设计

3. 下列关于数据设计的说法，错误的有（　　　）

  A. 数据库设计的一种方法是以信息需求为主，兼顾处理需求，这种方法称为面向数
　　据的设计方法

  B. 数据库设计的一种方法是以处理需求为主，兼顾信息需求，这种方法称为面向数
　　据的设计方法

  C. 面向数据的设计方法可以获得更好的性能

  D. 面向过程的设计方法可以较好地反映数据的内在联系

4. 下列关于数据库设计的说法，正确的有（　　　）。

  A. 面向数据的设计方法可以较好地反映数据的内在联系

  B. 面向过程的设计方法在初始阶段可能获得更高的性能

  C. 面向数据的设计方法更适合用在需求明确、固定的系统上

  D. 为了设计一个相对稳定的数据库，一般采用面向过程的设计方法

5. 数据库的逻辑设计对数据库性能有一定的影响，下列措施中可以明显改善数据库性能
　的有（　　　）。

  A. 将数据库中的关系进行完全的规范化

  B. 将大的关系分解成多个小的关系

  C. 减少连接运算

  D. 尽可能地使用快照

6. 下列关于数据库模式设计的说法，正确的有（　　　）。

  A. 在模式设计的时候，有时为了保证性能，不得不牺牲规范化的要求

  B. 有的情况下，把常用属性和很少使用的属性分成两个关系，可以提高查询的速度

  C. 连接运算开销很大，在数据量相似的情况下，参与连接的关系越多开销越大

  D. 减小关系的大小可以将关系水平划分，也可以垂直划分

7. 下列关于数据库模式设计的说法，正确的有（　　　）

  A. 使用编码代替实际属性值，可以节省存储空间，但是使用起来不是很直观

B. 为了做到既节省存储空间，又比较直观，可以使用缩写名称代替全称

C. 在数据库设计中，节省存储空间是最为重要的

D. 可以适当地采用假属性来节省存取空间

8. 下列关于数据库性能，存储空间优化的说法正确的有（　　　）。

A. 数据库设计中，模式合理的则一定会达到最好的性能

B. 减小关系的大小以提高数据库查询速度，可以将关系水平分割，也可以垂直分割

C. 在定义属性的时候，既要考虑易于理解性，也要考虑怎么节省存储空间

D. 假属性可以减少重复数据所占存储空间

9. 下列关于数据物理设计的说法，正确的有（　　　）。

A. 物理设计是在模式的基础上进行的

B. 物理设计直接面向用户

C. 物理设计的目标是提高数据库的性能和有效地利用存储空间

D. 物理设计的任务是为每个关系模式选择合适的存储结构和存取路径

10. 下列属性上不适合建立索引的有（　　　）。

A. 经常在查询中出现的属性

B. 属性值很少的属性，比如性别

C. 经常更新的属性

D. 太小的表里属性

三、填空题

1. 一般将数据库设计分为＿＿＿＿＿＿、＿＿＿＿＿＿、＿＿＿＿＿＿、＿＿＿＿＿＿四个阶段。

2. 数据库结构设计包括＿＿＿＿＿＿、＿＿＿＿＿＿和＿＿＿＿＿＿三个过程。

3. E-R 图又称为＿＿＿＿＿＿图。

4. 数据流图表达了数据库应用系统中＿＿＿＿＿＿和＿＿＿＿＿＿的关系。

5. ＿＿＿＿＿＿设计是将需求分析得到的用户需求进行概括和抽象，得到概念层数据模型。

6. 采用 E-R 方法的概念结构设计通常包括＿＿＿＿＿＿、＿＿＿＿＿＿和＿＿＿＿＿＿三要素。

7. 在数据库设计阶段最重要的环节是＿＿＿＿＿＿。

8. 能得出数据字典的环节是＿＿＿＿＿＿。

9. 实体与实体之间的联系称为＿＿＿＿＿＿

10. 将局部 E-R 图合并为全局 E-R 图时，可能遇到的冲突有＿＿＿＿＿＿、＿＿＿＿＿＿和＿＿＿＿＿＿。

四、简答题

1. 简述数据库设计的全过程。

2. 需求分析阶段设计的目标是什么？调查的主要内容有哪些？

3. 什么是数据库的概念结构？其特点是什么？

4. 什么是 E-R 图？E-R 图中实体用什么表示？

5. 什么是数据库的逻辑结构设计？试述其设计步骤。

6. 数据库物理设计的内容和步骤是什么？

7. 数据输入在实施阶段的重要性是什么？如何保证输入数据的正确性？

8. 什么是数据库的再组织和重构造？为什么要进行数据库的再组织和重构造？

9. 规范化理论对数据库设计有什么指导意义？

10. 数据字典是什么？其作用是什么？

五、上机题

使用 SQL—Server 2008 设计一个学籍管理数据库，在数据库中创建学生表、课程表、成绩表等，完成表中记录的增加、删除、修改、查询等操作。

第8章 数据库编程

建立数据库后就要开发应用系统了。本章讲解在应用系统中如何使用编程方法对数据库进行操纵的技术。

标准 SQL 语言是非过程化查询语言，具有操作统一、面向集合、功能丰富、使用简单等多项优点。但是和程序设计语言相比，高度非过程化的优点也造成了它的一个弱点：缺乏流程控制能力，难以实现应用业务中的逻辑控制。SQL 编程技术可以有效克服 SQL语言实现复杂应用方面的不足，提高应用系统和数据库管理系统间的互操作性。

8.1 嵌入式 SQL

SQL 语言的一个最大特点就是嵌入式和交互式两种方法的使用。嵌入式 SQL 就是将 SQL 语言放入其他语言中与其他语言一起执行。

8.1.1 嵌入式 SQL 的处理过程

嵌入式 SQL 是将 SQL 语言嵌入程序设计语言中，被嵌入的程序设计语言，如 JAVA 、VC、HTML、php 等成为宿主语言。对于嵌入式 SQL，数据库管理系统采用预编译方法处理，即由数据库管理系统的预处理程序对源程序进行扫描，识别出嵌入式 SQL 语句，把它们转换成宿主语言一起执行。

在嵌入式 SQL 中，为了能够快速区分 SQL 语句与宿主语言语句，所有 SQL 语句都必须加前缀。当主语言为 C 语言时，语法格式为

EXEC SQL<SQL 语句>；

如果主语言为 JAVA，则嵌入式 SQL 称为 SQLJ，语法格式为

#SQL{<SQL 语句>}；

8.1.2 嵌入式 SQL 语句与主语言之间的通信

将 SQL 嵌入高级语言中混合编程，SQL 语句负责操纵数据库，高级语言语句负责控制逻辑流程。这时程序中会含有两种不同计算模型的语句，它们之间应该如何通信呢？

数据库工作单元与源程序工作单元之间的通信主要包括如下方面。

（1）向主语言传递 SQL 语句的执行状态信息，使主语言能够控制信息流程序。主要用 SQL 通信区实现。

（2）主语言向 SQL 语句提供参数，主要用主变量实现。

（3）将 SQL 语句查询数据库的结果交主语言处理，主要用主变量和游标实现。

1. SQL 通信区

SQL 语句执行后，系统要反馈给应用程序若干信息，主要包括描述系统当前工作状态和运行环境的各种数据。这些信息将送到 SQL 通信区域中，应用程序从 SQL 通信区中取出这些状态信息，根据此决定接下来执行的语句。

SQL 通信区在应用程序中用 EXEC SQL INCLUDE SQLCA 加以定义。SQL 通信区中有一个变量 SQLCODE，用来存放每次执行 SQL 语句后返回的代码。

应用程序每次执行完一条 SQL 语句都应该测试一下 SQLCODE 的值，以了解该 SQL 语句执行情况并做相应处理。如果 SQLCODE 等于预定义的常量 SUCCESS，则表示 SQL 语句成功，否则在 SQLCODE 存放错误代码。程序员可以根据错误代码查找问题。

2. 主变量

嵌入式 SQL 语句中可以使用主语言的程序变量来输入或输出数据。SQL 语句中使用的主语言程序变量简称为主变量。主变量根据其作用的不同分为输入主变量和输出主变量。输入主变量由应用程序对其赋值，SQL 语句引用；输出主变量由 SQL 语句对其赋值或设置状态信息，返回给应用程序。

一个主变量可以附带一个任选的指标变量。指标变量是一个整型变量，用来"指示"所指主变量的值或条件。指示变量可以指示输入主变量是否为空值，可以检测输出主变量是否为空值，以及值是否被截断。

所有主变量和指示变量必须在 SQL 语句 BEGIN DECLARE SECTION 与 END DECLARE SECTION 之间进行说明。说明之后，主变量可以在 SQL 语句中任何一个能够使用表达式的地方出现，为了与数据库对象名区别，SQL 语句中主变量名和指示变量前要加（：）作为标志。

3. 游标

SQL 是面向集合的，一条 SQL 语句可以产生或处理多条记录；而主语言是面向记录的，一组主变量一次只能存放一条记录。所以仅使用主变量并不能完全满足 SQL 语句向应用程序输出数据的要求，为此嵌入式 SQL 引入游标的概念，由游标来协调这种不同的处理方式。

游标是系统为用户开设的一个数据缓冲区，存放 SQL 语句执行结果，每个游标区都有一个名字。用户可以通过游标逐一获取记录并赋予主变量，交由主语言进一步处理。

4. 建立和关闭数据库连接

嵌入式 SQL 程序要访问数据库必须先连接数据库，关系数据库管理系统根据用户信息对连接请求进行合法性验证，只有通过了身份验证，才能建立一个可用的合法连接。

1）建立数据库连接

建立数据库连接的嵌入式 SQL 语句为

EXEC SQL CONNECT TO target[AS connection-name][USER user-name];

其中 target 是要连接的数据库服务器，它可以是一个常见的服务器标识串，如 <dbname> @<hostname>：<port>，可以是包含服务器标识的 SQL 串常量，也可以是

DEFAULT。

connection-name 是可选的连接名，连接名必须是一个有效的标识符，主要用来识别一个程序内同时建立的多个连接，如果在整个程序内只有一个连接，也可以不指定连接名。

如果程序运行过程中建立了多个连接，执行的所有数据库单元的工作都在该操作提交时所选的当前连接上。程序运行过程中可以修改当前连接，对应的嵌入式 SQL 语句为

EXEC SQL SET CONNECTION connection-name|DEFAULT；

2）关闭数据库连接

当某个连接上的所有数据库操作完成后，应用程序应该主动释放所占用的连接资源。关闭数据库连接的嵌入式 SQL 语句为

EXEC SQL DISCONNECT [connection]；

其中，connection 是 EXEC SQL SONNECT 所建立的数据库连接。

8.1.3　不用游标的 SQL 语句

有的嵌入式 SQL 语句不需要使用游标，它们是说明性语句、数据定义语句、数据控制语句、查询结果为单记录的 SELECT 语句、非 CURRENT 形式的增删改语句。

查询结果为单记录的 SELECT 语句因为查询结果只有一个，只需用 INTO 子句指定存放查询结果的主变量，不需要使用游标。

[例 8.1]　根据学生号码查询学生信息。

EXEC SQL SELECT 学号，姓名，性别，年龄，系部

INTO：Hsno，：Hname，：Hsex，：Hage，：Hdept

FROM 学生表

WHERE 学号=：givensno；

使用查询结果为单记录的 SELECT 语句需要注意以下几点。

（1）INTO 子句、WHERE 子句和 HAVING 短语的条件表达式中均可以使用主变量。

（2）查询结果为空值的处理。查询返回的记录中可能某些列为空值 NULL。为了标识空值，在 INTO 子句的主变量后面跟有指示变量，当查询得出的某个数据项为空值时，系统会自动将相应主变量后面的指示变量置为负值，而不再向该主变量赋值。所以当指示变量值为负值时，不管主变量为何值，均认为变量值为 NULL。

（3）如果查询结果实际上并不是单条记录，而是多条记录，则程序出错，关系数据管理系统会在 SQL 通信区中返回错误信息。

有些非 CURRENT 形式的增、删、改语句不需要使用游标，在 UPDATE 的 SET 子句和 WHERE 子句中可以使用主变量，SET 子句还可以使用指示变量。

8.1.4　使用游标的 SQL 语句

必须使用游标的 SQL 语句有查询结果为多条记录的 SELECT 语句、CURRENT 形式的 UPDATE 和 DELETE 语句。

1. 查询结果为多条记录的 SELECT 语句

一般情况下，SELECT 查询结果是多条记录，因此需要用游标机制将多条记录一次一条地送主程序处理，从而把对集合的操作转换为对单个记录的处理。使用游标的步骤如下。

1）说明游标

用 DECLARE 语句为一条 SELECT 语句定义游标：

EXEC SQL DECLARE<游标名>CURSOR FOR<SELECT 语句>；

定义游标仅仅是一条说明性语句，这时关系数据库管理系统并不执行 SELECT 语句。

2）打开游标

用 OPEN 语句将定义的游标打开：

EXEC SQL OPEN<游标名>；

打开游标实际上是执行相应的 SELECT 语句，把查询结果取到缓冲区中。这时游标处于活动状态，指针指向查询结果集中的第一条记录。

3）推进游标指针并取当前记录

EXEC SQL FETCH<游标名>

INTO<主变量>[<指示变量>][, <主变量>[<指示变量>]]…；

其中主变量必须与 SELECT 语句中的目标列表达式具有一一对应的关系。用 FETCH 语句把游标指针向前推进一条记录，同时将缓冲区中的当前记录取出来送至主变量供主语言进一步处理。通过循环执行 FETCH 语句逐条取出结果集中的行进行处理。

4）关闭游标

用 CLOSE 语句关闭游标，释放结果集占用的缓冲区及其他资源：

EXEC SQL CLOSE<游标名>；

游标被关闭后就不再和原来的查询结果集相联系。但被关闭的游标可以再次被打开，与新的查询结果相联系。

2. CURRENT 形式的 UPDATE 和 DELETE 语句

UPDATE 和 DELETE 语句都是集合操作，如果只想修改或删除其中某个记录，则需要用带游标的 SELECT 语句查询出所有满足条件的记录，从中进一步找出要修改或删除的记录，然后用 CURRENT 形式的 UPDATE 和 DELETE 语句来表示修改或删除的是最近一次取出的记录，即游标指针指向的记录；

WHERE CURRENT OF<游标名>。

8.2　过程化 SQL

8.2.1　过程化 SQL 的块结构

基本的 SQL 是高度非过程化的语言。嵌入式 SQL 将 SQL 语句嵌入程序设计语言，借助高级语言的控制功能实现过程化。工程化 SQL 是对 SQL 的扩展，使其增加了过程化语句的功能。

过程化的 SQL 程序结构是块。所有的过程化 SQL 程序都是由块组成的。这些块之间可以互相嵌入，每个块完成了一个逻辑操作。

8.2.2　变量和常量的定义

1. 变量的定义

变量名　数据类型 [[NOT NULL]：=初值表达式]或

变量名　数据类型 [[NOT NULL]初值表达式]

定义变量：DECLARE

　　　　　变量、常量、游标、异常等

执行部分：BEGIN

　　　　　SQL 语句、过程化 SQL 的流程控制语句

　　　　　EXCEPTION

　　　　　异常处理部分

　　　　　END

2. 常量的定义

常量名　数据类型　CONSTANT：=常量表达式

常量必须给定一个值，并且该值在存在期间或常量的作用域内不能改变。如果试图修改它，过程化 SQL 将返回一个异常。

3. 赋值语句

变量名：=表达式

8.2.3　流程控制

过程化 SQL 提供了流程控制语句，主要有条件控制语句和循环控制语句。这些语句的语法、语义和一般的高级语言类似，这里只做概要的介绍。读者使用时要参考具体产品手册的语法规则。

1. 条件控制语句

一般有三种形式的 IF 语句：IF-THEN 语句、IF-THEN-ELSE 语句和嵌套的 IF 语句。

1）IF 语句

IF condition THEN

Sequence_of_statements；

END IF；

2）IF-THEN 语句

IF condition THEN

Sequence_of_statements1；

ELSE

Sequence_of_staements2;

END IF;

3）嵌套的 IF 语句

在 THEN 和 ELSE 子句中还可以再包含 IF 语句，即 IF 语句可以嵌套。

2. 循环控制语句

过程化 SQL 有三种循环结构：LOOP、WHILE-LOOP 和 FOR-LOOP。

1）最简单的循环语句 LOOP

LOOP

Sequence-of-statements

END LOOP

多数数据库服务器的过程化 SQL 都是提供 EXIT、BREAK 或 LEAVE 等循环结束语句，以保证 LOOP 语句块能够在适当的条件下提前结束。

2）WHILE-LOOP 循环语句

WHILE condition LOOP

Sequence-of-statements;

END LOOP

每次执行循环语句体之前要对条件进行求值，如果条件为真则执行循环体内的语句序列，如果条件为假则跳过循环并把控制传递给下一个语句。

3）FOR-LOOP 循环语句

For count IN [REVERSE] BOUND1…BOUND2   LOOP

Sequence-of-satements;

END LOOP;

For 循环的基本执行过程是：将 count 设置为循环的下界 BOUND1，检查它是否小于上界 BOUND2。当指定 REVERSE 时则将 COUNT 设置为循环的上界 BOUND2，检查 count 是否大于下界 BOUND1。如果越界则执行跳出循环体，然后按照步长更新 count 的值，重新判断条件。

3. 错误处理

如果过程化 SQL 在执行时出现异常，则应该让程序在产生异常的语句处停下来，根据异常的类型去执行异常处理语句。

SQL 标准对数据库服务器提供怎样的异常处理做出了建议，要求过程化 SQL 管理器提供完善的异常处理机制。相对于嵌入式 SQL 简单地提供执行状态信息 SQLCODE，这里异常处理就复杂得多了。

8.3　存储过程与函数

8.3.1　存储过程概念

在编写数据库应用程序时，SQL 语言是应用程序和数据库之间的主要编程接口。使用 SQL 语言编写访问数据库的代码时，可以有两种方法存储和执行这些代码：一种是在客户端存储代码，并创建向数据库服务器发送的 SQL 命令；另一种是将 SQL 语句存储在数据库服务器端，然后由应用程序调用执行这些 SQL 语句。这些存储在数据库服务器端供客户端调用执行的 SQL 语句就是存储过程，客户端应用程序可以直接调用并执行存储过程，存储过程的执行结果可返还给客户端。

存储过程是由过程化 SQL 语句书写的过程，这个过程经编译和优化后存储在数据库服务器中，因此称它为存储过程，使用时只要调用即可。

存储过程有如下优点。

（1）允许模块化程序设计。只需创建一次存储过程并将其存储在数据库中，以后就可以在应用程序中任意调用该存储过程。存储过程可由在数据库编程方面有专长的人员创建，并可独立于程序源代码而单独修改。

（2）改善性能。如果其操作需要大量 SQL 语句或需要重复执行，则存储过程的形式比每次直接执行 SQL 语句的速度要快。因为数据库管理系统是在创建存储过程时对 SQL 代码进行分析和优化，并在一次执行时进行语法检查和编译，将编译好的可执行代码存储在内存的一个专门缓冲区中，以后再执行此存储过程，只需要直接执行内存中的可执行代码即可。

（3）减少网络流量。一个需要数百行 SQL 代码完成的操作现在只需要一条执行存储过程的代码即可实现，因此，不再需要在网络中传送大量的代码。

（4）可作为安全机制使用。对于即使没有直接执行存储过程中的语句权限的用户，也可以授予他们执行该存储过程的权限。

存储过程实际是存储在数据库服务器上的，由 SQL 语句和流程控制语句组成的预编译集合，它以一个名字存储并作为一个单元处理，可由应用程序调用执行，允许包含控制流、逻辑以及对数据的查询等操作。存储过程可以接收输入参数，并可具有输出参数，还可以返回单个或多个结果集。

8.3.2　创建存储过程

创建存储过程的 SQL 语句为
CREATE PROCEDURE
其语法格式为
CREATE PROC[EDURE]存储过程名

[{&参数名　数据类型}[=DEFAULT][OUTPUT]][，…N]

AS

SQL 语句[…n]

其中:

DEFAULT: 表示参数的默认值。如果定了默认值，则在调用存储过程时，可以省略该参数的值。

OUTPUT: 表明参数是输出参数。使用 OUTPUT 参数可将存储过程产生的信息返回给调用者。

执行存储过程的 SQL 语句是 EXECUTE，语法格式为

[EXEC[UTE]]存储过程名

[实参[，OUTPUT][，…N]]

[例 8.2]　不带参数的存储过程。查询计算机系学生的考试情况，列出学生的姓名、课程名和考试成绩。

CREATE PROCEDURE P_ST

AS

SELECT 姓名，课程名，成绩 FROM 学生表 S INNER JOIN 成绩表 ON S.学号=成绩.学号 INNER JOIN 课程表 ON 成绩表.课号=课程表.课号 WHERE 系部='计算机系'

执行此存储过程:

EXEC P_ST

[例 8.3]　带输入参数的存储过程。查询某个指定系学生的考试情况，列出学生的姓名、所在系、课程名和成绩。

CREATE PROCEDURE PST2

&DEPT CHAR（20）

AS

SELECT 姓名，系部，课程名，成绩

FROM 学生表 S INNER JOIN 成绩表

ON 学生表.学号=成绩表.学号 INNER JOIN 课程表 C

ON C.课号=成绩表.课号

WHERE 系部=&DEPT

如果存储过程有输入参数并且没有为输入参数指定默认值，则在调用此存储过程时，必须为输入参数指定一个常量值。

执行情况:

EXEC P_ST '计算机系'

删除存储过程

DROP PROCEDURE 过程名（）

8.3.3　函数

本章讲解的函数也称为自定义函数，因为是用户自己使用过程化 SQL 设计定义的。

函数和存储过程类似，都是持久性存储模块。函数的定义和存储过程也类似，不同之处是函数必须指定返回的类型。

1. 函数的定义语句格式

CREATE OR REPLACE FUNCTION 函数名（[参数 1，参数 2，...]）RETURNS<类型>

AS <过程化 SQL 块>；

2. 函数的执行语句格式

CALL/SELECT 函数名（[参数 1，参数 2，...]）；

3. 修改函数

可以使用 ALTER FUNCTION 重命名一个自定义函数：
ALTER FUNCTION 过程名 1 RENAME TO 过程名 2；
可以使用 ALTER FUNCTION 重新编译一个函数：
ALTER FUNCTION 函数名 COMPILE；
由于函数的概念与存储过程类似，这里不再讲述。

8.4　ODBC 编程

本节介绍如何使用 ODBC 进行数据库应用程序的设计。使用 ODBC 编写的应用程序可移植性好，能同时访问不同的数据库，共享多个数据库资源。

提出和产生 ODBC 的原因是存在不同的数据库管理系统。

目前广泛使用的关系数据库管理系统有多种，尽管这些数据库管理系统都属于关系数据库，也都遵循 SQL 标准，但是不同的系统有许多差异。因此，在某个关系数据库管理系统下编写的应用程序并不能在另一个关系数据库管理系统下运行，适应性和移植性较差。所以需要修改和测试可移植性。但更为重要的是，许多应用程序需要共享多个部门的数据资源，访问不同的关系数据库管理系统。为此，人们开始研究和开发连接不同关系数据库管理系统的方法、技术和软件，使数据库系统"开放"，能够实现"数据库互联"。其中，ODBC 就是为了解决这样的问题而由微软公司推出的标准接口。ODBC 就是微软公司开放服务体系中有关数据库的一个组成部分，它建立了一组规范，并提供一组访问数据库的应用程序编程接口。ODBC 具有两重功效或约束力：一方面规范应用开发，另一方面规范关系数据库管理系统应用接口。

1. ODBC 工作原理概述

ODBC 应用系统的体系结构如图 8-1 所示，它由四部分构成：用户应用程序、ODBC 驱动程序管理器、数据库驱动程序、ODBC 数据源管理（如关系数据库管理系统和数据库）。

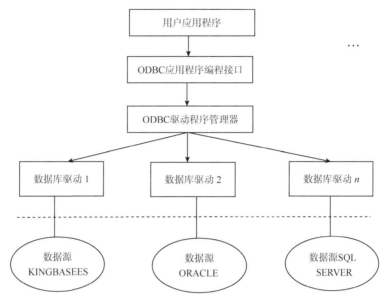

图 8-1 ODBC 应用系统的体系结构

1）用户应用程序

用户应用程序提供用户界面、应用逻辑和事务逻辑。使用 ODBC 开发数据库应用程序时，程序调用的应该是标准的 ODBC 函数和 SQL 语句。应用层使用 ODBC API 调用接口与数据进行交互。使用 ODBC 来开发应用系统的程序简称为 ODBC 应用程序，包括的内容有如下方面。

（1）请求连接数据库。

（2）向数据源发送 SQL 语句。

（3）为 SQL 语句执行结果分配存储空间，定义所读取的数据格式。

（4）获取数据库操作结果或处理错误。

（5）进行数据处理并向用户提交处理结果。

（6）请求事务的提交和回滚操作。

（7）断开与数据源的连接。

2）ODBC 驱动程序管理器

驱动程序管理器用来管理各种驱动程序。ODBC 驱动程序管理器由微软公司提供，它包含在 ODBC32.dll 中，对用户是透明的，管理应用程序和驱动程序之间的通信。ODBC 驱动程序管理器的主要功能包括装载 ODBC 驱动程序、选择和连接正确的驱动程序、管理数据源、检查 ODBC 调用参数的合法性及记录 ODBC 函数的调用等，当应用层需要时返回驱动程序的有关信息。

ODBC 驱动程序管理器可以建立、配置或删除数据源，并查看系统当前所安装的数据库 ODBC 驱动程序。

3）数据库驱动程序

ODBC 通过数据库驱动程序来提供应用系统与数据库平台的独立性。

ODBC 应用程序不能直接存取数据库，其各自操作请求由驱动程序管理器提交给某个关系数据库管理系统的 ODBC 驱动程序,通过调研驱动程序所支持的函数来存取数据库。数据库的操作结果也通过驱动程序返回给应用程序。如果应用程序要操纵不同的数据库,就要动态地连接到不同的驱动程序上。

4)ODBC 数据源管理

数据源是最终用户需要访问的数据,包含数据库位置和数据库类型等信息,实际上是一种数据连接的抽象。

ODBC 给每个被访问的数据源指定唯一的数据源名,并映射到所有必要的、用来存取数据的底层软件。在连接中,用数据源名来代表用户名、服务器名、所连接的数据库名等。

2. ADO 概述

ADO(ActiveX Data Objects,ActiveX 数据对象)是 Microsoft 提出的应用程序接口(API)用以实现访问关系或非关系数据库中的数据。例如,如果你希望编写应用程序从 DB2 或 Oracle 数据库中向网页提供数据,可以将 ADO 程序包括在作为活动服务器页(ASP)的 HTML 文件中。当用户从网站请求网页时,返回的网页也包括了数据中的相应数据,这些是由于使用了 ADO 代码的结果。

像 Microsoft 的其他系统接口一样,ADO 是面向对象的。它是 Microsoft 全局数据访问(UDA)的一部分,Microsoft 认为与其自己创建一个数据,不如利用 UDA 访问已有的数据库。为达到这一目的,Microsoft 和其他数据库公司在它们的数据库与 Microsoft 的 OLE 数据库之间提供了一个"桥"程序,OLE 数据库已经在使用 ADO 技术。ADO 的一个特征(称为远程数据服务)支持网页中的数据相关的 ActiveX 控件和有效的客户端缓冲。作为 ActiveX 的一部分,ADO 也是 Microsoft 的组件对象模式(COM)的一部分,它的面向组件的框架用以将程序组装在一起。

ADO 从原来的 Microsoft 数据接口远程数据对象(RDO)而来。RDO 与 ODBC 一起工作访问关系数据库,但不能访问如 ISAM 和 VSAM 的非关系数据库。

ADO 是对当前微软所支持的数据库进行操作的最有效和最简单直接的方法,它是一种功能强大的数据访问编程模式,从而使得大部分数据源可编程的属性得以直接扩展到你的 Active Server 页面上。可以使用 ADO 编写紧凑简明的脚本以便连接到与 Open Database Connectivity(ODBC)兼容的数据库和与 OLE DB 兼容的数据源,这样 ASP 程序员就可以访问任何与 ODBC 兼容的数据库,包括 MS SQL SERVER、Access、Oracle 等。

例如,网站开发人员需要让用户通过访问网页来获得存于 IBM DB2 或者 Oracle 数据库中的数据,那么就可以在 ASP 页面中包含 ADO 程序,用来连接数据库。于是,当用户在网站上浏览网页时,返回的网页将会包含从数据库中获取的数据。而这些数据都是利用 ADO 代码做到的。

ADO 是一种面向对象的编程接口,微软介绍说,与其同 IBM 和 Oracle 提倡的那样,创建一个统一数据库,不如提供一个能够访问不同数据库的统一接口,这样会更加实用。为实现这一目标,微软在数据库和微软的 OLE DB 中提供了一种"桥"程序,这种程序能够提供对数据库的连接。开发人员在使用 ADO 时,其实就是在使用 OLE DB,不过 OLE DB 更加接近底层。ADO 的一项属性——远程数据服务,支持"数据仓库"ActiveX 组件以及高效的客户端缓存。作为 ActiveX 的一部分,ADO 也是 COM 组件的一部分。ADO 是由早期的微软数据接口——远程数据对象 RDO 演化而来的。RDO 同微软的 ODBC 一同连接关系数据库,不过不能连接非关系数据库。

ADO 向我们提供了一个熟悉的、高层的对 OLE DB 的 Automation 封装接口。对那些熟悉 RDO 的程序员来说,可以把 OLE DB 比作 ODBC 驱动程序。如同 RDO 对象是 ODBC 驱动程序接口一样,ADO 对象是 OLE DB 的接口;如同不同的数据库系统需要它们自己的 ODBC 驱动程序一样,不同的数据源要求它们自己的 OLE DB 提供者(OLE DB Provider)。但微软正积极推广该技术,并打算用 OLE DB 取代 ODBC。

ADO 向 VB 程序员提供了很多好处。包括易于使用、熟悉的界面、高速度以及较低的内存占用(已实现 ADO 2.0 的 Msado 15.dll 需要占用 342 KB 内存,比 RDO 的 Msrdo 20.dll 的 368 KB 略小,大约是 DAO 3.5 的 Dao 350.dll 所占内存的 60%)。与传统的数据对象层次(DAO 和 RDO)不同,ADO 可以独立创建。因此你可以只创建一个"Connection"对象,但是可以有多个独立的"Recordset"对象来使用它。ADO 针对客户/服务器以及 WEB 应用程序做了优化。

一旦安装了 ADO,在 VB 的工程→引用对话框中你就可以看到如下内容。

选择"ActiveX Data Objects 1.5 Library"(ADODB),在其下的"ADO Recordset 1.5 Library"是一个客户端的版本(ADOR),它定义了有聚的数据访问对象。ADOR 对于客户端的数据访问来说是足够的了,因为你不需要 Connection 对象来建立与远程数据源的联系。

如果你想要访问更多的外部数据源,需要安装这些外部数据源自己的 OLE DB Provider,就像你需要为新的数据库系统安装新的 ODBC 驱动程序。如果该外部数据源没有自己的 OLE DB Provider,你就得使用 OLE DB SDK 来为这个外部数据源创建一个 OLE DB Provider。这已不是本文讨论的范围。

示例:

下面的示例代码以 Northwinds 数据库作为远程数据源,然后用 ADO 来访问它。首先在控制面板中打开"32 位数据源",单击"添加"按钮。在弹出的对话框中选择"Microsoft Access Driver(*.mdb)"作为数据源驱动程序。

选择数据库 Northwinds 所在路径。单击"完成"按钮,退出 ODBC 设备管理器。

启动一个新的 VB 工程,在窗体的 Load 事件中输入下面的代码。

```
Private Sub Form_Load ( )
Dim cn As ADODB.Connection
Set cn = New ADODB.Connection
Set Connection properties
cn.ConnectionString = "DSN=RDC Nwind;UID=;PWD=;"
cn.ConnectionTimeout = 30
cn.Open
If cn.State = adStateOpen Then _
MsgBox "Connection to NorthWind Successful!":
cn.Close
```

End Sub

　　按"F5"键运行程序，一个消息框弹出来告诉你连接成功了。请注意，这里特别注明了是 ADODB.Connection，而不是 ADOR.Connection，这样做是为了将二者区分开（如果你引用了 ADODB 和 ADOR，这样做很有必要）。连接字符串看上去同 RDO 的连接字符串差不多。事实上，二者确实差不多。

　　如果我们要访问一个 SQL Server 数据库，你的 Connection 代码看上去应像下面所示。

'设置连接属性 cn.Provider = "MSDASQL"

cn.ConnectionString = "driver={SQL Server}；" & "server=prod1；uid=bg；pwd=；database=main"

cn.Open

"Provider"属性指向 SQL Server 的 OLE DB Provider.

　　回到我们的示例程序，让我们创建一个 Recordset 对象来访问"Orders"表，并从该表的"ShipCountry"字段中产生前十个不重复的国家名。修改窗体 Load 事件中的代码，让它看上去像下面这样。

```
Private Sub Form_Load（）
Dim cn As ADODB.Connection
Dim rs As ADODB.Recordset
Dim sSQL As String
Dim sOut As String
Dim Count As Integer
Set cn = New ADODB.Connection
Set rs = New ADODB.Recordset
' Set properties of the Connection.
cn.ConnectionString = "DSN=RDC Nwind；UID=；PWD=；"
cn.ConnectionTimeout = 30
cn.Open
If cn.State = adStateOpen Then _
MsgBox "Connection to NorthWind Successful!"
sSQL = "SELECT DISTINCT Orders.ShipCountry FROM Orders"
Set rs = cn.Execute（sSQL）
'Enumerate the recordset
sOut = ""
For Count = 1 To 10
sOut = sOut & rs（"ShipCountry"）& vbCrLf
rs.MoveNext
Next Count
MsgBox sOut，vbExclamation，"ADO Results"
cn.Close
End Sub
```

不幸的是你需要创建一个独立的 Recordset 对象，该对象拥有自己的 Connection 属性，就像下面的代码所示。

```
Private Sub Form_Load（）
Dim rs As ADODB.Recordset
Dim sSQL As String
Dim sOut As String
Dim Count As Integer
Set rs = New ADODB.Recordset
sSQL = "SELECT DISTINCT Orders.ShipCountry FROM Orders"
rs.Open sSQL，"DSN=RDC Nwind；UID=；PWD=；"，adOpenDynamic
'Report Recordset Connection information
MsgBox rs.ActiveConnection，"Connection Info"
'Enumerate the recordset
sOut = ""
For Count = 1 To 10
sOut = sOut & rs（"ShipCountry"）& vbCrLf
rs.MoveNext
Next Count
MsgBox sOut，vbExclamation，"ADO Results"
rs.Close
End Sub
```

上面代码返回的结果同前例一样，但是本代码中的 Recordset 是独立的。这一点是 DAO 和 RDO 做不到的。Recordset 对象的 Open 方法打开一个代表从 SQL 查询返回的记录的游标。虽然你可以用 Connection 对象同远程数据源建立连接，但请记住，在这种情况下，Connection 对象和 Recordset 对象是平行的关系。

3. OLEDB

OLEDB（object linking and embedding database，又称 OLE DB 或 OLE-DB），一个基于 COM 的数据存储对象，能提供对所有类型的数据的操作，甚至能在离线的情况下存取数据（例如，你使用的是你的便携机，你可以毫不费力地看到最后一次数据同步时的数据映像），OLE DB 位于 ODBC 层与应用程序之间，在你的 ASP 页面里，ADO 是位于 OLE DB 之上的应用程序。你的 ADO 调用先被送到 OLE DB，然后再交由 ODBC 处理。你可以直接连接到 OLE DB 层，如果你这么做了，你将看到服务器端游标（recordset 缺省的游标，也是最常用的游标）性能的提升。

OLEDB 是微软的战略性地通向不同的数据源的低级应用程序接口。OLE DB 不仅具有微软资助的标准数据接口开放数据库连接（ODBC）的结构化查询语言（SQL）能力，还具有面向其他非 SQL 数据类型的通路。作为微软的组件对象模型（COM）的一种设计，OLE DB 是一组读写数据的方法（在过去可能被称为渠道）。OLE DB 中的对象主要包括数据源对象、阶段对象、命令对象和行组对象。使用 OLE DB 的应用程序会用到如下的请求序列：初始化 OLE、连接到数据源、发出命令、处理结果、释放数据源对象并停止初始化 OLE。

OLE DB 标准中定义的新概念——OLE DB 将传统的数据库系统划分为多个逻辑组件，这些组件之间相对独立又相互通信。这种组件模型中的各个部分被冠以不同的名称。例如，数据提供者（data provider）是指提供数据存储的软件组件，小到普通的文本文件，大到主机上的复杂数据库，或者电子邮件存储，都是数据提供者的例子。有的文档把这些软件组件的开发商也称为数据提供者。

我们要开启如 Access 数据库中的数据，必须用 ADOT 透过 OLE DB 来开启。AT 利用 OLE DB 来取得数据，这是因为 OLE DB 了解如何和许多种数据源进行沟通，所以对 OLE DB 有相当程度的了解是很重要的。OLEDB 为一种开放式的标准，并且设计成 COM（component object model，一种对象的格式。凡是依照 COM 的规格所制作出来的组件，皆可以提供功能让其他程序或组件所使用）组件。OLE DB 主要是由三个部分组合而成的。

1）数据提供者

凡是透过 OLE DB 将数据提供出来的，就是数据提供者。例如 SQL Server 数据库中的数据表，或是附文件名为 mdb 的 Access 数据库档案等，都是 data provider。

2）数据使用者（data consumers）

凡是使用 OLE DB 提供数据的程序或组件，都是 OLE DB 的数据使用者。换句话说，凡是使用 ADO 的应用程序或网页都是 OLE DB 的数据使用者。

3）服务组件（service components）

数据服务组件可以执行数据提供者以及数据使用者之间数据传递的工作，数据使用者要向数据提供者要求数据时，是透过 OLE DB 服务组件的查询处理器执行查询的工作，而查询到的结果则由指针引擎来管理。

使用 OLE DB 的应用程序会用到如下的请求序列：初始化 OLE DB→连接到数据源→发出命令→处理结果→释放数据源对象并停止初始化 OLE DB。

OLE DB 是 Microsoft 的数据访问模型。它使用组件对象模型（COM）接口，与 ODBC 不同的是，OLE DB 假定数据源使用的不是 SQL 查询处理器。

Adaptive Server Anywhere 包括一个名为 ASAProv 的 OLE DB 提供程序。该提供程序可用于当前的 Windows 和 Windows CE 平台。

你还可以结合使用"用于 ODBC 的 Microsoft OLE DB 提供程序"（MSDASQL）和 Adaptive Server Anywhere ODBC 驱动程序来访问 Adaptive Server Anywhere。

使用 Adaptive Server Anywhere OLE DB 提供程序具有以下几个优点。

（1）某些功能（如通过游标更新）不能通过 OLE DB/ODBC Bridge 来使用。

（2）如果你使用 Adaptive Server Anywhere OLE DB 提供程序，则在部署过程中无须 ODBC。

（3）MSDASQL 允许 OLE DB 客户端用于任何 ODBC 驱动程序，但不保证你可以使用每个 ODBC 驱动程序的全部功能。而使用 Adaptive Server Anywhere 提供程序，你可以从 OLE DB 编程环境完全访问 Adaptive Server Anywhere 的全部功能。

8.5 本章小结

本章讲解了 SQL 嵌入式语言的使用，存储过程、游标以及 ODBC 的基本概念原理用途。对读者了解 SQL 编程有很大的帮助。

嵌入式 SQL 与主语言工具有不同的数据处理方式。SQL 是面向集合的，而主语言是面向记录的，所以，嵌入式 SQL 用游标来协调这两种不同的处理方式。要掌握游标的概念，学会用游标来编写实际的应用程序。

习 题

一、选择题

1. 创建存储过程的用处主要是 ( )。
   A. 提高数据操作效率   B. 维护数据的一致性
   C. 实现复杂的业务规则   D. 增强引用完整性

2. 下列关于存储过程的说法，正确的是 ( )。
   A. 在定义存储过程的代码中可以包含数据的增、删、改、查询
   B. 用户可以向存储过程传递参数，但不能输出存储过程产生的结果
   C. 存储过程的执行是在客户端完成的
   D. 存储过程是存储在客户端的可执行代码段

3. 定义触发器的主要作用是 ( )。
   A. 提高数据的查询效率   B. 增强数据的安全性
   C. 加强数据的保密性   D. 实现复杂的约束

4. 现有学生表和修课表，其结构为
   学生表（学号，姓名，入学日期，毕业日期）
   修课表（学号，课程号，考试日期，成绩）
   现要求修课表中的考试日期必须在学生表中相应学生的入学日期和毕业日期之间。下列实现方法中，正确的是 ( )。
   A. 在修课表的考试日期列上定义一个 CHECK 约束
   B. 在修课表上建立一个插入和更新操作的触发器
   C. 在学生表上建立一个插入和更新操作的触发器
   D. 在修课表的考试日期列上定义一个外码引用约束

5. 下列关于游标的说法，错误的是 ( )。
   A. 游标允许用户定位到结果集中的某行
   B. 游标允许用户读取结果集中当前行位置的数据
   C. 游标允许用户修改结果集中当前行位置的数据
   D. 游标中有个当前行指针，该指针能在结果集中单向移动

6. 对游标的操作一般包括声明、打开、处理、关闭、释放几个步骤，下列关于关闭游标

的说法，错误的是（　　　）。

A. 游标被关闭之后，还可以通过 OPEN 语句打开

B. 游标一旦被关闭后，其所占用的资源即被释放

C. 游标被关闭之后，其所占用的资源没有被释放

D. 关闭游标之后的下一个操作可以是释放游标，也可以是再次打开游标

二、填空题

1. 利用存储过程机制，可以_____数据操作效率。

2. 存储过程可以接收输入参数和输出参数，对于输出参数，必须用_____词来标明。

3. 执行存储过程的 SQL 语句是_____。

4. 调用存储过程时，其参数传递过程有_____和_____两种。

5. 修改存储过程的 SQL 语句是_____。

6. SQL Server 支持两种类型的触发器，它们是_____和_____。

7. 在表上针对每个操作，可以定义_____个前触发器。

8. 打开游标的语句是_____。

9. 在操作游标时，判断根据提取状态的全局变量_____。

10. 游标的作用是_____。

三、简答题

1. 简述嵌入式 SQL 的概念及作用。

2. 简述宿主语言的概念及作用。

3. 简述游标的概念及作用。

4. 什么是 ODBC？简述 ODBC 的工作原理。

第9章 大数据管理

大数据是指无法使用传统流程或工具在合理的时间和成本内处理或分析的数据信息，这些信息将用来实现更智慧的经营和决策。其中合理的成本很重要，如果不考虑成本，则完全可以将更多的原始、半结构化和非结构化数据装入关系型数据库或数据库仓库，但是考虑到这些数据进行全面质量控制所花费的成本，会让绝大多数企业望而止步。随着物联网技术的发展，能感知的事物更多，并且去尝试存储这些事物。由于通信的进步，人们和事物变得更加互联化。互联化也被称为机器之间互联，正是互联化使数据急剧增加，大数据时代到来了。

9.1 什么是大数据

大数据可以使用四个特征来定义：数量、速度、多样性/种类和准确性。IBM 将符合以上特点的数据称为大数据。IBM 的大数据平台可以解决各种因数量、速度、种类和准确性相结合而产生的大数据问题，帮助企业推动大数据工作，并从大数据中获取最大价值。

（1）数量：数据容量超大是大数据的首要特征，当前企业为提高决策效率所需要利用的数据庞大，并且正在以前所未有的速度持续增加，数据量从原来的 TB 级发展到了 PB 级乃至 ZB 级别。预计到 2020 年，全球信息量将达到 35 万亿 GB（35 ZB），Facebook 每天都会产生超过 10 TB 数据，某些企业每小时将会产生数 TB 数据。当然，当今新生成的数据都完全未经分析。

（2）速度：大数据的第二个特征就是速度快。数据产生、处理和分析的速度都在不断地加快，很多数据产生的速度快到让传统系统无法捕获、存储和分析，如视频监控画面、语音通话和 RFID 传感器等持续的数据流。

（3）多样性/种类：大数据的第三个特征就是种类多，随着信息化的发展和物联网技术的产生，格式各样的数据都需要传输、存储。例如，网页上的数据、传感器采集的数据、视频音频、文档等可以说种类繁多，样式各样。

（4）准确性：主要关注和管理数据、流程和模型的不确定性，虽然数据治理可以提高数据的准确性、一致性、完整性、及时性和参考性，但无法消除某些固有的不可预测性，如客户的购买决策、天气或经济等。管理不确定性的方法通常有数据融合和利用数据等。

另外，大数据管理还需要重点关注安全和隐私问题等。大数据时代，我们每个人的信息都受到安全威胁，人们使用的电话号码、身份证信息、家庭住址等信息经常被泄露，什么原因呢？其实原因就是我们处于大数据时代，数据要在互联网上传输，就可能产生信息泄露。

大数据就像一座金矿，矿的品位不高，但是蕴藏的黄金总量却是很可观的。如何快速地对矿山进行开采挖掘，是我们要考虑的问题。

针对高价值的结构化数据，企业通常会执行严格的数据治理流程，因为企业知道这些数据具有很高的每字节已知价值，所以愿意将这些数据存储在成本较高的基础框架上，同时愿意对数据治理进行持续投资，以进一步提升每字节价值。使用大数据则应该从相反的角度考虑问题，因为基于目前数据的数量、速度和多样性，企业往往无法承担正确清理和记录每部分数据所需的时间与资源，因为这太不经济。没有经过分析的原始数据往往价值较低，使用较低成本的工具进行分析更具有价值，数据挖掘就是利用低成本的工具，挖掘出隐藏在数据库中的有价值的数据，可以为企业或者行业发展提供决策和帮助，使企业成本降低，利润增加。

通常数据需要经过严格的质量控制才能进入关系型数据库或数据仓库，相反，大数据存储库很少对注入仓库中的数据实施全面的质量控制，因此关系型数据库或数据仓库中的数据可得到企业的足够信赖，而 Hadoop 中的数据则未得到这样的信赖。在传统系统中，特定的数据片段是基于所认识的价值而存储的，这与 Hadoop 中的存储模式不同，在 Hadoop 中经常会完整地存储业务实体，如日志、事务、帖子等，其真实性也会得到完整的保留。Hadoop 中的数据可能在目前看起来价值不高，或者其价值未得到量化，但实际上可能是解决业务问题的关键所在。

综上所述，企业级 Hadoop 并不是要取代关系型数据库或数据仓库，而是对关系型数据库或数据库仓库的一种有效补充。关系型数据库或数据库仓库中的数据经过了全面数据治理，其数据质量值得信赖，并且通常有明确的服务水平协议要求，而大数据存储通常较大，很少实施质量控制，数据量不如传统系统那么值得信赖，同时企业级 Hadoop 的重点也不在响应速度上，因为其不是在线事务处理 OLTP 系统，而是批处理作业。当企业发现部分大数据具有明确的价值时，可以考虑将其迁移到关系型数据库或数据仓库中。

9.2 大数据的作用

当前大数据的应用非常广泛，给人们的生活带来很多的方便。那么，大数据到底能解决人们生活中的什么问题呢？

1. 感知现在预测未来——数据挖掘

什么是数据挖掘（data mining）？简而言之，就是有组织、有目的地收集数据，通过分析数据使之成为信息，从而在大量数据中寻找潜在规律以形成规则或知识的技术。

本节通过几个数据挖掘实际案例来诠释如何通过数据挖掘解决商业中遇到的问题。下面关于"尿不湿和啤酒"的故事是数据挖掘中经典的案例。而 Target 公司通过"怀孕预测指数"来预测女顾客是否怀孕的案例也是近年来为数据挖掘学者津津乐道的一个话题。

1）尿不湿和啤酒

很多人会问，究竟数据挖掘能够为企业做些什么？下面我们通过一个在数据挖掘中经典的案例来解释这个问题——一个关于尿不湿和啤酒的故事。超级商业零售连锁巨无霸沃尔玛公司（Wal Mart）拥有世上最大的数据仓库系统之一。为了能够准确了解顾客在其门店的购买习惯，沃尔玛对其顾客的购物行为进行了购物篮关联规则分析，从而知道顾客经常一起购买的商品有哪些。在沃尔玛庞大的数据仓库里集合了其所有门店的详细原始交易数据，在这些原始交易数据的基础上，沃尔玛利用数据挖掘工具对这些数据进行分析和挖掘。一个令人惊奇和意外的结果出现了：跟尿不湿一起购买最多的商品竟是啤酒！这是数据挖掘技术对历史数据进行分析的结果，反映的是数据的内在规律。那么这个结果符合现实情况吗？是否是一个有用的知识？是否有利用价值？

为了验证这一结果，沃尔玛派出市场调查人员和分析师对这一结果进行调查分析。经过大量实际调查和分析，他们揭示了隐藏在"尿不湿和啤酒"背后的美国消费者的一种行为模式。

在美国，到超市去买婴儿尿不湿是一些年轻的父亲下班后的日常工作，而他们中有30%～40%的人同时会为自己买一些啤酒。产生这一现象有两种情况：一是美国的太太们常叮嘱她们的丈夫不要忘了下班后为小孩买尿不湿，而丈夫们在买尿不湿后又随手带回了他们喜欢的啤酒。二是丈夫们在买啤酒时突然记起他们的责任，又去买了尿不湿。既然尿不湿与啤酒一起被购买的机会很多，那么沃尔玛就在它们所有的门店里将尿不湿与啤酒并排摆放在一起，结果是得到了尿不湿与啤酒的销售量双双增长。按常规思维，尿不湿与啤酒风马牛不相及，若不是借助数据挖掘技术对大量交易数据进行挖掘分析，沃尔玛是不可能发现数据内这一有价值的规律的。

2）Target 和怀孕预测指数

关于数据挖掘的应用，还有这样一个真实案例在数据挖掘和营销挖掘领域广为流传。美国一名男子闯入他家附近的一家美国零售连锁超市 Target 店铺（美国第三大零售商）进行抗议："你们竟然给我 17 岁的女儿发婴儿尿片和童车的优惠券。"店铺经理立刻向来者承认错误，但是该经理并不知道这一行为是总公司运行数据挖掘的结果。一个月后，这位父亲前来道歉，因为这时他才知道他的女儿的确怀孕了。Target 比这位父亲知道他女儿怀孕足足早了一个月。

Target 能够通过分析女性客户购买记录，"猜出"哪些是孕妇。它们从 Target 的数据仓库中挖掘出 25 项与怀孕高度相关的商品，制作"怀孕预测"指数。例如他们发现女性会在怀孕 4 个月左右，大量购买无香味乳液。以此为依据推算出预产期后，就抢先一步将孕妇装、婴儿床等折扣券寄给客户来吸引其购买。

如果不是在拥有海量的用户交易数据基础上实施数据挖掘，Target 不可能做到如此精准的营销。

3）电子商务网站流量分析

网站流量分析，是指在获得网站访问量基本数据的情况下对有关数据进行的统计和分析，其常用手段就是 Web 挖掘。Web 挖掘可以通过对流量的分析，帮助我们了解 Web 上的用户访问模式。那么了解用户访问模式有哪些好处呢？在技术架构上，我们可以合理修改网站结构及适度分配资源，构建后台服务器群组，如辅助改进网络的拓扑设计，提高性能，在有高度相关性的节点之间安排快速有效的访问路径等。帮助企业更好地设计网站主页和安排网页内容；帮助企业改善市场营销决策，如把广告放在适当的 Web 页面上；帮助企业更好地根据客户的兴趣来安排内容；帮助企业对客户群进行细分，针对不同客户制定个性化的促销策略，等等。人们在访问某网站的同时，便提供了个人对网站内容的反馈信息：点击了哪一个链接，在哪个网页停留时间最多，采用了哪个搜索项、总体浏览时间等，而所有这些信息都被保存在网站日志中。从保存的信息来看，网站虽然拥有了大量的网站访客及其访问内容的信息，但拥有了这些信息却不等于能够充分利用它们。

那么如果将这些数据转换到数据仓库中呢？这些带有大量信息的数据借助数据仓库报告系统（一般称作在线分析处理系统），虽然能给出可直接观察到的和相对简单直接的信息，却不能告诉网站其信息模式及怎样对其进行处理，而且它一般不能分析复杂信息。所以对于这些相对复杂的信息或是不那么直观的问题，我们就只能通过数据挖掘技术来解决，即通过机器学习算法，找到数据库中的隐含模式，报告结果或按照结果执行。为了让电子商务网站能够充分应用数据挖掘技术，我们需要采集更加全面的数据，采集的数据越全面，分析就能越精准。在实际操作中，有以下几个方面的数据可以被采集。

（1）访客的系统属性特征。例如所采用的操作系统、浏览器、域名和访问速度等。访问特征包括停留时间、点击的 URL 等。条款特征包括网络内容信息类型、内容分类和来访 URL 等。产品特征包括所访问的产品编号、产品目录、产品颜色、产品价格、产品利润、产品数量和特价等级等。

（2）当访客访问该网站时，以上有关此访客的数据信息便会被逐渐积累起来，那么我们就可以通过这些积累而成的数据信息整理出与这个访客有关的信息以供网站使用。能够整理成型的信息大致可以分为以下几个方面：访客的购买历史以及广告点击历史；访客点击的超链接的历史信息；访客的总链接机会（提供给访客的超级链接）；访客总的访问时间；访客所浏览的全部网页；访客每次会话的产出利润；访客每个月的访问次数及上一次的访问时间等；访客对于商标总体正面或负面的评价。

4）数据挖掘在人脸识别技术中的应用

美国电视剧《反恐 24 小时》中有一集，当一个恐怖分子用手机拨打了一个电话，CTU（反恐部队）的计算机系统便立刻发出恐怖分子出现的预警。很多好莱坞的大片中此类智能系统的应用也比比皆是，它能从茫茫人群中实时找出正在苦苦追踪的恐怖分子或间谍。而在 2008 年北京奥运会上，最引人注意的 IT 热点莫过于"实时人脸识别技术"在奥运会安检系统中的应用，这种技术通过对人脸关键部位的数据采集，让系统能够精确地识别出所有进出奥运场馆的观众身份。

目前人脸识别技术正广泛地应用于各种安检系统中，警方将犯罪分子的脸部数据采集到安检数据库，那么只要犯罪分子一出现，系统就能精确地将其识别出来。现如今人脸识别技术已经相对成熟，谷歌在 Picasa 照片分享软件的工具中就已经加入了人脸识别功能。当然，人脸识别技术牵涉隐私，是把双刃剑，谷歌在谷歌街景地图中故意将人脸模糊化，使其无法识别就是这个原因。

虽然需要借力于其他技术，但是人脸识别中的主要技术还是来自数据挖掘中的分类算法（classification）。让我们用一个最简单的事实来解释分类的思想。设想一下，一天中午，你第一次到三里屯，站在几家以前从未去过的餐厅门前，现在的问题是该选择哪家餐厅用餐。应该怎样选择呢？假设你没有带手机，无法上网查询，那么可能会出现如下两种情况。

第一种，你记起某位朋友去过其中一家，并且好像对这家的评价还不错，这时，你很有可能就直接去这家了。

第二种，没有类似朋友推荐这类先验知识，你就只能从自己以往的用餐经历中来选择了，如你可能会比较餐厅的品牌和用餐环境，因为似乎以前的经历告诉自己，品牌响、用餐环境好的餐厅可能味道也会好。不管是否意识得到，在最终决定去哪家吃的时候，我们已经根据自己的判断标准把候选的这几家餐厅分类了，可能分成好、中、差三类或者值得去、不值得去两类。而最终去了自己选择的那家餐厅，吃完过后我们自然也会根据自己的真实体验来判定我们的判断准则是否正确，同时根据这次的体验来修正或改进自己的判断准则，决定下次是否还会来这家餐厅或者是否把它推荐给朋友。

选择餐厅的过程其实就是一个分类的过程，此类分类例子是屡见不鲜的。古时，司天监会依赖长时间积累的信息，通过观察天象对是否会有天灾做出分类预测。古人则通过对四季气候雨水的常年观察，总结出农作物的最佳播种时间。在伯乐的《相马经》中，就通过简单分类总结出赢马的三条标准："大头小颈，弱脊大腹，小颈大蹄。"

其实在数据挖掘领域，有大量基于海量数据的分类问题。通常，我们先把数据分成训练集（training set）和测试集（testing set），通过对历史训练集的训练，生成一个或多个分类器（classifier），将这些分类器应用到测试集中，就可以对分类器的性能和准确性做出评判。如果效果不佳，那么我们或者重新选择训练集，或者调整训练模式，直到分类器的性能和准确性达到要求。最后将选出的分类器应用到未经分类的新数据中，就可以对新数据的类别做出预测了。

2. 数据服务实时推荐——基于大数据分析的用户建模

随着以个性化为主要特点的 Web 2.0 兴起，很多大数据应用的数据来源于规模庞大的用户群。依托数百万、千万甚至上亿规模的用户，面向大众的信息服务类应用在为大规模的用户提供信息服务的同时，通过用户原创内容或者系统日志等方式不断地收集数据。这些数据与用户的行为密切相关，被用来分析用户的兴趣特征，创建用户的描述文件，这就是基于大数据分析的用户建模。

1）面向用户建模的大数据系统架构

用户建模的目标是准确把握用户的行为特征、兴趣爱好等，进而较为精确地向用户提供个性化的信息服务或信息推荐。例如，互联网上通过对用户的点击日志进行分析，识别用户的爱好，以支持个性化的页面布局、进行精准的广告投放等；电信行业通过对用户的消费信息、当前位置、使用习惯等数据的分析，为用户及时推荐符合用户需求的服务、产品、内容等。当前，基于大数据的用户建模在很多大型的信息服务应用中发挥着巨大的作用。

2）数据分析：用户建模的基础工具

传统的信息服务类应用一般采用静态的用户建模方法，即系统在构建之初就定义好了用户兴趣模型所包含的属性维度。随着互联网和大数据技术的发展，面向大众的信息服务应用不再满足于静态的用户兴趣建模，而是开始关注与用户行为相关的实时大数据，并使用众多的数据分析和挖掘技术，得到能够反映用户兴趣和变化的动态用户兴趣模型。这种动态性不仅包含属性值的变化，还包含用户兴趣型中属性类型、属性数量的变化。

依赖大数据的用户建模方法通常会为每个用户生成高维度的兴趣属性向量，维度可以达到数百甚至数千以上。针对不同属性，系统会运行很多不同的用户建模任务，一个用户建模任务为用户或用户群生成一部分属性值，从而可以较为细致和深入地刻画用户在众多方向上的兴趣属性。用户兴趣建模方法种类繁多，从大的类别上可以分为两类：离线分析和实时在线分析。

一大类用户建模方法采用的是批处理方式的离线分析方法，对结构化或半结构化的历史日志数据进行 SQL 分析或者使用数据挖掘和机器学习的深度分析方法。其特点是采用离线的方式处理超大规模的历史数据，当数据量很大时，如百万 TB 以上，一些任务可能要运行数小时，甚至几天。很显然，这类离线分析方法复杂度高、处理代价巨大，不能够频繁调用。因此，分析得到的用户属性也不能频繁更新，实时性会差些。这类方法适合于分析那些通过大规模数据得出的相对稳定的用户属性。大数据离线分析的主要挑战来自分析处理的性能。目前很多研究工作集中在 MAPreduce 计算环境下如何提高各种离线分析处理算法的性能。此外，如何在 Hadoop 环境下，系统化地支持 SQL 分析和深度分析，也是很多开源大数据分析系统努力的目标。

另一大类用户建模方法则采用实时的在线分析方法，数据即来即分析，更强调数据的实时分析处理能力。这类方法适合于捕捉一些实效性强的用户属性，如用户当前的位置、当前一段时间手机信号的强度、当前会话过程中点击或购买的商品等。这些属性被用来描述用户最新的特征，是在线信息推荐算法的重要依据，其价值通常也是最高的。当在线用户规模达到百万以上时，任何系统要实时分析处理众多用户产生的大数据，其代价都是非常昂贵的，数据以流的形式持续不断地涌入系统，系统要在很短的时间内处理完大量流量数据，获取和分析用户属性，则必须具备很高的吞吐能力。虽然数据采集、聚集计算等实时用户建模方法并不复杂，但有时会涉及一些在线学习的方法，比如时序分析、在线回归分析等，相应的计算负载就会很高。当前，有很多研究工作围绕大数据的流分析和实时分析展开。

3）数据服务：用户建模的价值体现

在用户兴趣建模的背景下，数据分析将大数据的价值从规模庞大、变化迅速的原始大数据中高效地提炼出来。然而，这离发挥出大数据的价值还差一步，而这一步就是数据服务。在用户建模应用中，数据服务是指管理维护各种数据分析任务得到的用户建模的结果，利用这些高价值的用户兴趣模型数据，为以信息推荐为代表的众多上层应用提供数据访问服务，从而将大数据的价值与上层应用需求打通。不严格地说，数据服务类似于传统意义上的数据管理。它要为下层的数据分析任务和上层的各种应用提供吞吐的数据读写服务。用户建模背景下的数据服务又有一些区别于传统数据管理的地方：首先，被管理的对象是一张高维度、大规模的用户属性变宽表，而且表中的列不是固定的；其次，很多属性值存在空值或多值的情况；最后，这张表的数据读写负载非常大。因此，管理超大规模的用户属性表是一项非常有挑战的任务。

综上所述，这类大数据应用的特点如下。

（1）模型的建立来自对大数据的分析结果，通俗地讲是"数据说话"。建模的过程是动态的，随着实际对象的变化，模型也在变化。

（2）数据处理既有对历史数据的离线分析和挖掘，又有对实时流数据的在线采集和分析，体现了大数据在流分析、SQL 分析、深度分析等不同层次分析的需求。

（3）用户模型本身也是大数据。维度高，信息稀疏，用户模型的存储、管理是数据服务的重要任务，要满足大规模应用需要的高并发数据更新与读取。

9.3　NoSQL 介绍

NoSQL 作为下一代的数据库，主要具有非关系型、分布式的、开源和水平扩展的特点。NoSQL 的初衷是为了实现网络规模的数据库。NoSQL 一词最早出现于 1998 年，是 Carlo Strozzi 开发的一个轻量、开源和不提供 SQL 功能的关系数据库。NoSQL 运动正式开始于 2009 年初，并迅速发展起来。NoSQL 通常具有以下特点：模式自有、支持简易复制、简单、最终一致性、BASE 模型、支持海量数据以及更多特征。所以，NoSQL 应该是综述定义的一个别名，更多的时候，社区将其翻译为"NOT ONLY SQL"，而不是 NO SQL，据统计，目前 NoSQL 数据库大约有 150 种，并可以分成四种类型：简单键值存储、列存储、文档存储、图像数据库。

1. CAP 定理

根据 CAP 定理，对于一个分布式计算机系统来说，不可能同时满足以下三点。

（1）一致性：所有节点数据在同一时间点是相同的。

（2）可用性：表示每个请求都有响应。

（3）分区容忍性/分区容错性：系统中任意信息的丢失或失败不会影响系统的继续运行。

也就是说，分布式系统最多只能满足 CAP 理论三项中的两项，无法全部满足。对传统关系型数据库来说，高一致性和高可用性是重点，即传统关系型数据库追求的是 CA。对分布式系统来说，分区容错性是最基本要求，通常放弃强一致性，采取弱一致性，如对大型网站来说，分区容错性和可用性要求更高，一般会尽量朝着 AP 方向努力，这也可以解释为什么传统数据库的扩展能力有限，同样也解释了 NoSQL 系统为什么不适合 OLTP 系统。

2. 一致性

一致性主要包括强一致性、弱一致性和最终一致性三种。

（1）强一致性：即时一致性。例如，A 用户写入一个值到存储系统，A 用户和其他任何用户读取将返回最新值。

（2）弱一致性：如 A 用户写入一个值到存储系统，系统不能保证 A 用户以及其他用户后续的读取操作可以读取到新的值。此时存在不一致时间窗口概念，不一致时间窗口是指从 A 写入值到后续用户操作读取到该最新值的时间间隔。

（3）最终一致性：弱一致性的特例。例如，A 用户写入一个值到存储系统，如果之后没有其他人更新该值，那么最终所有的读取操作都会读取到 A 写入的最新值。不一致时间窗口取决于交互延迟、系统负载以及复制技术复制因子的值。

另外，一致性还存在一系列变体，如因果一致、读写一致、阶段一致、读一致性和写一致性等。

3. ACID 模型

ACID 模型是关系型数据库为保证事务正确执行所必须具备的四个基本特征，即原子性、一致性、隔离性和持久性。

（1）原子性：一个事务中所有的操作要么全部完成，要么全部失败，不允许在中间某个环节结束。如果在执行过程中出现错误，事务会被回滚到开始前的状态。

（2）一致性：在事务开始之前和结束之后，数据库的完整性没有被破坏。

（3）隔离性：当两个或两个以上并发事务访问数据库同一数据时所表现出的相互关系。隔离可分为不同的级别，如在 DB2 中分为可重复读、读写稳定、游标稳定性和未提交读。

（4）持久性：当事务完成后，事务对数据库进行的更改将持久地保存在数据库中，并且是完全的。

目前主要有两种方式实现 ACID：第一种是预写日志，第二种是影子分页技术。

4. BASE 模型

BASE 模型是指基本可用、软状态和最终一致性。BASE 模型是 ACID 模型的反面，强调牺牲一致性，从而获得高可用性。基本可用是指通过 sharding 允许部分分区失败。软状态是指异步，允许数据在一段时间内并不一致，只要保证最终一致就可以了。最终一致性是 NoSQL 的核心理念，是指数据最终一致就可以了，不需要时时保持一致。

5. NewSQL

NewSQL 是对各种新的可扩展/高性能数据库的简称，这类数据库不仅具有 NoSQL 对海量数据的存储管理能力，还保持了传统数据库支持 ACID 和 SQL 等特性。

NewSQL 是指这样一类新式的关系型数据库管理系统，针对 OLTP（读-写）工作负载，追求提供和 NoSQL 系统相同的扩展性能，且仍然保持 ACID 和 SQL 等特性[scalable and ACID and（relational and/or sql -access）]。NewSQL 系统虽然在内部结构变化很大，但是它们有两个显著的共同特点：①它们都支持关系模型；②它们都使用 SQL 作为其主要的接口。已知的第一个 NewSQL 系统叫作 H-Store，它是一个分布式并行内存数据库系统。目前 NewSQL 系统大致分三类。

1）新架构

第一类型的 NewSQL 系统是全新的数据库平台，它们均采取了不同的设计方法，并大概分为两类。

（1）这类数据库工作在一个分布式集群的节点上，其中每个节点拥有一个数据子集。SQL 查询被分成查询片段发送给自己所在的数据的节点上执行。这些数据库可以通过添加额外的节点来线性扩展。现有的这类数据库有：Google Spanner，VoltDB，Clustrix，NuoDB。

（2）这些数据库系统通常有一个单一的主节点的数据源。它们有一组节点用来做事务处理，这些节点接到特定的 SQL 查询后，会把它所需的所有数据从主节点上取回来后执行 SQL 查询，再返回结果。

2）SQL 引擎

第二类是高度优化的 SQL 存储引擎。这些系统提供了与 MySQL 相同的编程接口，但扩展性比内置的引擎 InnoDB 更好。这类数据库系统有：TokuDB，MemSQL。

3）透明分片

透明分片类系统提供了分片的中间件层，数据库自动分割在多个节点运行。这类数据库包括 ScaleBase，dbShards，Scalearc。

9.4　数据仓库

数据仓库，英文名称为 data warehouse，可简写为 DW 或 DWH。数据仓库，是为企业所有级别的决策制定过程，提供所有类型数据支持的战略集合。它是单个数据存储，出于分析性报告和决策支持目的而创建的。为需要业务智能的企业，提供指导业务流程改进、监视时间、成本、质量以及控制等服务。

1. 数据仓库的发展历程

数据仓库是决策支持系统（DSS）和联机分析应用数据源的结构化数据环境。数据仓库研究和解决从数据库中获取信息的问题。数据仓库的特征在于面向主题、集成性、稳定性和时变性。数据仓库，由"数据仓库之父"比尔·恩门（Bill Inmon）于 1990 年提出，主要功能仍是将组织透过资讯系统之联机事务处理（OLTP）经年累月所累积的大量资料，透过数据仓库理论所特有的资料储存架构，做有系统的分析整理，以利各种分析方法如联机分析处理（OLAP）、数据挖掘之进行，并进而支持如决策支持系统（DSS）、主管资讯系统（EIS）之创建，帮助决策者能快速有效地自大量资料中，分析出有价值的资讯，以利于决策拟定及快速回应外在环境变动，帮助建构商业智能（BI）。比尔·恩门在 1991 年出版的 *Building the Data Warehouse*（《建立数据仓库》）一书中所提出的定义被广泛接受——数据仓库是一个面向主题的（subject oriented）、集成的（integrated）、相对稳定的（non-volatile）、反映历史变化（time variant）的数据集合，用于支持管理决策（decision making support）。

2. 数据仓库的特点

（1）数据仓库是面向主题的。操作型数据库的数据组织面向事务处理任务，而数据仓库中的数据是按照一定的主题域进行组织的。主题是指用户使用数据仓库进行决策时所关心的重点方面，一个主题通常与多个操作型信息系统相关。

（2）数据仓库是集成的，数据仓库的数据有来自分散的操作型数据，将所需数据从原来的数据中抽取出来，进行加工与集成，统一与综合之后才能进入数据仓库。

数据仓库中的数据是在对原有分散的数据库数据抽取、清理的基础上经过系统加工、汇总和整理得到的，必须消除源数据中的不一致性，以保证数据仓库内的信息是关于整个企业的一致的全局信息。

数据仓库的数据主要供企业决策分析之用，所涉及的数据操作主要是数据查询，一旦某个数据进入数据仓库以后，一般情况下将被长期保留，也就是数据仓库中一般有大量的查询操作，但修改和删除操作很少，通常只需要定期加载、刷新。

数据仓库中的数据通常包含历史信息，系统记录了企业从过去某一时点（如开始应用数据仓库的时点）到当前的各个阶段的信息，通过这些信息，可以对企业的发展历程和未来趋势做出定量分析和预测。

（3）数据仓库是不可更新的，数据仓库主要是为决策分析提供数据，所涉及的操作主要是数据的查询。

（4）数据仓库是随时间而变化的，传统的关系数据库系统比较适合处理格式化的数据，能够较好地满足商业商务处理的需求。稳定的数据以只读格式保存，且不随时间改变。

（5）汇总的。操作性数据映射成决策可用的格式。

（6）大容量。时间序列数据集合通常都非常大。

（7）非规范化的。DW 数据可以是而且经常是冗余的。

（8）元数据。将描述数据的数据保存起来。

（9）数据源。数据来自内部的和外部的非集成操作系统。

数据仓库，是在数据库已经大量存在的情况下，为了进一步挖掘数据资源、决策需要而产生的，它并不是所谓的"大型数据库"。数据仓库方案建设的目的，是作为前端查询和分析的基础，由于有较大的冗余，所以需要的存储也较大。为了更好地为前端应用服务，数据仓库往往具有如下几个特点。

（1）效率足够高。数据仓库的分析数据一般分为日、周、月、季、年等，可以看出，以日为周期的数据要求的效率最高，要求 24 小时甚至 12 小时内，客户能看到昨天的数据分析。由于有的企业每日的数据量很大，设计不好的数据仓库经常会出问题，延迟 1～3 日才能给出数据，显然是不行的。

（2）数据质量。数据仓库所提供的各种信息，肯定要有准确的数据，但由于数据仓库流程通常分为多个步骤，包括数据清洗、装载、查询、展现等，复杂的架构会有更多层次，那么如果数据源有脏数据或者代码不严谨，则可能导致数据失真，客户看到错误的信息就可能导致做出错误的决策，造成损失，而不是效益。

（3）扩展性。之所以有的大型数据仓库系统架构设计复杂，是因为考虑到了未来 3～5 年的扩展性，这样的话，未来不用太快花钱去重建数据仓库系统，就能很稳定运行。数据建模具有合理性，数据仓库方案中多出一些中间层，使海量数据流有足够的缓冲，不至于数据量大很多，就运行不起来。

从上面的介绍中可以看出，数据仓库技术可以将企业多年积累的数据唤醒，不仅为企业管理好这些海量数据，而且挖掘数据潜在的价值，从而成为企业运营维护系统的亮点之一。正因为如此，广义地说，基于数据仓库的决策支持系统由三个部件组成：数据仓库技术、联机分析处理技术和数据挖掘技术，其中数据仓库技术是系统的核心，后文将围绕数据仓库技术，介绍现代数据仓库的主要技术和数据处理的主要步骤，讨论在运营维护系统中如何使用这些技术为运营维护带来帮助。

（4）面向主题。操作型数据库的数据组织面向事务处理任务，各个业务系统之间各自分离，而数据仓库中的数据是按照一定的主题域进行组织的。主题是与传统数据库的面向应用相对应的，是一个抽象概念，是在较高层次上将企业信息系统中的数据综合、归类并进行分析利用的抽象。每一个主题对应一个宏观的分析领域。数据仓库排除对于决策无用的数据，提供特定主题的简明视图。

3. 用途

信息技术与数据智能大环境下，数据仓库在软硬件领域、Internet 和企业内部网解决方案以及数据库方面提供了许多经济高效的计算资源，可以保存极大量的数据供分析使用，且允许使用多种数据访问技术。开放系统技术使得分析大量数据的成本趋于合理，并且硬件解决方案也更为成熟。在数据仓库应用中主要使用的技术如下。

1）并行

计算的硬件环境、操作系统环境、数据库管理系统和所有相关的数据库操作、查询工具和技术、应用程序等各个领域都可以从并行的最新成就中获益。

2）分区

分区功能使得支持大型表和索引更容易，同时也提高了数据管理和查询性能。

3）数据压缩

数据压缩功能降低了数据仓库环境中通常需要的用于存储大量数据的磁盘系统的成本，新的数据压缩技术也已经消除了压缩数据对查询性能造成的负面影响。

4. 技术发展

从数据库到数据仓库企业的数据处理大致分为两类：一类是操作型处理，也称为联机事务处理，它是针对具体业务在数据库联机的日常操作，通常对少数记录进行查询、修改。另一类是分析型处理，一般针对某些主题的历史数据进行分析，支持管理决策。

两者具有不同的特征，主要体现在以下几个方面。

1）处理性能

日常业务涉及频繁、简单的数据存取，因此对操作型处理的性能要求是比较高的，需要数据库能够在很短时间内做出反应。

2）数据集成

企业的操作型处理通常较为分散，传统数据库面向应用的特性使数据集成困难。

3）数据更新

操作型处理主要由原子事务组成，数据更新频繁，需要并行控制和恢复机制。

4）数据时限

操作型处理主要服务于日常的业务操作。

5）数据综合

操作型处理系统通常只具有简单的统计功能。

数据库已经在信息技术领域有了广泛的应用，我们社会生活的各个部门，几乎都有各种各样的数据库保存着与我们的生活息息相关的各种数据。作为数据库的一个分支，数据仓库概念的提出，相对于数据库在时间上就近得多。美国著名信息工程专家

WilliamInmON 博士在 20 世纪 90 年代初提出了数据仓库概念的一个表述，认为："一个数据仓库通常是一个面向主题的、集成的、随时间变化的、但信息本身相对稳定的数据集合，它用于对管理决策过程的支持。"

这里的主题，是指用户使用数据仓库进行决策时所关心的重点方面，如收入、客户、销售渠道等；所谓面向主题，是指数据仓库内的信息是按主题进行组织的，而不是像业务支撑系统那样是按照业务功能进行组织的。

集成，是指数据仓库中的信息不是从各个业务系统中简单抽取出来的，而是经过一系列加工、整理和汇总的过程，因此数据仓库中的信息是关于整个企业的一致的全局信息。

随时间变化，是指数据仓库内的信息并不只是反映企业当前的状态，而是记录了从过去某一时点到当前各个阶段的信息。

5. 数据库安全

计算机攻击、内部人员违法行为，以及各种监管要求，正促使组织寻求新的途径来保护其在商业数据库系统中的企业和客户数据。

企业可以采取八个步骤保护数据仓库并实现对关键法规的遵从。

1）发现

使用发现工具发现敏感数据的变化。

2）漏洞和配置评估

评估数据库配置，确保它们不存在安全漏洞。这包括验证在操作系统上安装数据库的方式（如检查数据库配置文件和可执行程序的文件权限），以及验证数据库自身内部的配置选项（如多少次登录失败之后锁定账户，或者为关键表分配何种权限）。

3）加强保护

通过漏洞评估，删除不使用的所有功能和选项。

4）变更审计

通过变更审计工具加强安全保护配置，这些工具能够比较配置的快照（在操作系统和数据库两个级别上），并在发生可能影响数据库安全的变更时，立即发出警告。

5）数据库活动监控

通过及时检测入侵和误用来限制信息暴露，实时数据库活动监控（DAM）。

6）审计

必须为影响安全性状态、数据完整性或敏感数据查看的所有数据库活动生成和维护安全、防否认的审计线索。

7）身份验证、访问控制和授权管理

必须对用户进行身份验证，确保每个用户拥有完整的责任，并通过管理特权来限制对数据的访问。

8）加密

使用加密以不可读的方式呈现敏感数据，这样攻击者就无法从数据库外部对数据进行未授权访问。

6. 如何应对监控需求

数据，作为企业核心资产，越来越受到企业的关注。一旦发生非法访问、数据篡改、数据盗取，将给企业带来巨大损失。数据库作为数据的核心载体，其安全性就更加重要。

面对数据库的安全问题，企业常常遇到以下主要挑战：数据库被恶意访问、攻击，甚至遭到数据偷窃，而企业不能及时地发现这些恶意的操作；不了解数据使用者对数据库的访问细节，从而不能保证对数据安全的管理。

信息安全同样会带来审计问题，当今全球对合规/审计要求越来越严格，由于不满足合规要求而导致处罚的事件屡见不鲜。美国《萨班斯法案》的强制性要求曾导致 2007 年 7 月 5 日中国第一家海外上市公司——华晨中国汽车控股有限公司从美国纽约证券交易所退市。

有关信息安全的合规/审计要求，中国政府也进行了大量的强化工作。例如，为了加强商业银行信息科技风险管理，银监会出台了《商业银行信息科技风险管理指引》规则，中国政府——财政部、证监会、银监会、保监会及审计署五部委联合发布"中国版萨班尼斯-奥克斯利法案（以下简称'C-SOX 法案'）"——《企业内部控制基本规范》。面对合规/审计要求，企业往往面临以下挑战。

不能做到持续性审计。用户审计主要是针对数据库、应用系统日志做审计，这些日志内容非常庞大，DBA（数据库管理员）和信息安全审计人员只能做事后分析审计，分析时间也长。审计并不规范。用户审计的内容和表格主要是根据外部审计人员要求和内部安全管理要素来考虑。

审计工作的好坏基本上取决于 DBA 和信息安全审计人员的经验与技能，这些不能有效成为公司规范和满足外部审计要求。数据库管理员权责没有完全区分开，导致审计效果问题。

数据库管理和审计原始数据的收集实际上都是由 DBA 来做的，这就导致了 DBA 的权责不明确，DBA 没办法客观审计自己所做的工作，尽管用户设置了信息安全审计人员，但该角色的审计工作的部分证据建立在 DBA 初步审计基础上，因此审计效果与可靠性存在问题。

人工审计需要面对海量的日志，不可能对所有数据进行细致审计；审计报告就未必能满足 100%可见性。为了满足企业的信息安全、合规、审计等需求，IBM 公司推出了"CARS"企业信息架构，该架构主要从"法规遵从"（compliance）、"信息可用"（availability）、"信息保留"（retention）、"信息安全"（security）四个方面进行了全面的满足和保护。不仅如此，IBM Guardium 数据库安全、合规、审计、监控解决方案的推出，针对"法规遵从"和"信息安全"进行了专项治理和加强。

IBM Guardium 数据库安全、合规、审计、监控解决方案，以软硬件一体服务器的方式，大大增强了数据库的安全性，满足并方便了审计工作，提升了性能，并简化了安装部署工作。可以防止对数据库的破坏、恶意访问、偷窃数据，可帮助判断客户关键敏感的数据在什么地方；谁在使用这些数据；控制对数据库中数据的访问，并可监控特权用户；帮助企业强制执行安全规范；检查薄弱环节、漏洞，防止对数据库配置的改动；满足合规/审计的要求，并可简化内部和外部审计、合规的过程并使其自动化，增强运作效率；管理安全的复杂性。

7. 大数据未来的发展方向

近几年，互联网行业发展风起云涌，"大数据"吸引了越来越多的关注，对处于初始阶段的大数据而言，很多企业都不会错失机会。那么，大数据未来的发展前景和应用策略如何？下面做一简单介绍。

趋势一：数据的资源化

何谓资源化，是指大数据成为企业和社会关注的重要战略资源，并已成为大家争相抢夺的新焦点。因而，企业必须提前制订大数据营销战略计划，抢占市场先机。

趋势二：与云计算的深度结合

大数据离不开云处理，云处理为大数据提供了弹性可拓展的基础设备，是产生大数据的平台之一。自 2013 年开始，大数据技术已开始和云计算技术紧密结合，预计未来两者关系将更为密切。除此之外，物联网、移动互联网等新兴计算形态，也将一齐助力大数据革命，让大数据营销发挥出更大的影响力。

趋势三：科学理论的突破

随着大数据的快速发展，就像计算机和互联网一样，大数据很有可能是新一轮的技术革命。随之兴起的数据挖掘、机器学习和人工智能等相关技术，可能会改变数据世界的很多算法和基础理论，实现科学技术上的突破。

趋势四：数据科学和数据联盟的成立

未来，数据科学将成为一门专门的学科，被越来越多的人所认知。各大高校将设立专门的数据科学类专业，也会催生一批与之相关的新的就业岗位。与此同时，基于数据这个基础平台，也将建立起跨领域的数据共享平台，之后，数据共享将扩展到企业层面，并且成为未来产业的核心一环。

另外，大数据作为一种重要的战略资产，已经不同程度地渗透到各个行业领域和部门，其深度应用不仅有助于企业经营活动，还有利于推动国民经济发展。它对于推动信息产业创新、大数据存储管理挑战、改变经济社会管理面貌等方面也意义重大。

现在，通过数据的力量，用户希望掌握真正的便捷信息，从而让生活更有趣。对于企业来说，如何从海量数据中挖掘出可以有效利用的部分，并且用于品牌营销，才是制胜的法宝。

9.5　本章小结

本章阐述了什么是大数据、大数据的重要特征以及大数据给我们带来的巨大挑战。介绍了大数据的应用，特别是数据挖掘技术中的四个经典案例，通过案例让读者明白数据挖掘在我们生活中的作用。数据库技术和数据库管理关系是大数据管理中应用系统的基础。本章介绍了 NoSQL 系统、NewSQL 系统，同时也介绍了数据仓库技术的发展、特点以及应用，内容比较多而杂。读者在学习时主要掌握大数据的发展情况，了解大数据的作用，明白数据仓库的应用及特点即可。

习 题

一、选择题

1. 当前大数据技术的基础是由（   ）首先提出的。

    A. 微软   B. 百度   C. 谷歌   D. 阿里巴巴

2. 大数据的起源是（   ）。

    A. 金融   B. 电信   C. 互联网   D. 公共管理

3. 根据不同的业务需求来建立数据模型，抽取最有意义的向量，决定选取哪种方法的数据分析角色人员是（   ）。

    A. 数据管理人员   B. 数据分析员   C. 研究科学家   D. 软件开发工程师

4. （   ）反映数据的精细化程度，越细化的数据，价值越高。

    A. 规模   B. 活性   C. 关联度   D. 颗粒度

5. 数据清洗的方法不包括（   ）。

    A. 缺失值处理   B. 噪声数据清除   C. 一致性检查   D. 重复数据记录处理

6. 智能健康手环的应用开发，体现了（   ）的数据采集技术的应用。

    A. 统计报表   B. 网络爬虫   C. API 接口   D. 传感器

7. 下列关于数据重组的说法，错误的是（   ）。

    A. 数据重组是数据的重新生产和重新采集

    B. 数据重组能够使数据焕发新的光芒

    C. 数据重组实现的关键在于多源数据融合和数据集成

    D. 数据重组有利于实现新颖的数据模式创新

8. 智慧城市的构建，不包含（   ）。

    A. 数字城市   B. 物联网   C. 联网监控   D. 云计算

9. 大数据的最显著特征是（   ）。

    A. 数据规模大   B. 数据类型多样

    C. 数据处理速度快   D. 数据价值密度高

10. 美国海军军官莫里通过对前人航海日志的分析，绘制了新的航海路线图，标明了大风与洋流可能发生的地点。这体现了大数据分析理念中的（   ）。

    A. 在数据基础上倾向于全体数据而不是抽样数据

    B. 在分析方法上更注重相关分析而不是因果分析

    C. 在分析效果上更追究效率而不是绝对精确

    D. 在数据规模上强调相对数据而不是绝对数据

11. 下列关于舍恩伯格对大数据特点的说法，错误的是（   ）。

    A. 数据规模大   B. 数据类型多样

    C. 数据处理速度快   D. 数据价值密度高

12. 当前社会，最为突出的大数据环境是（   ）。

    A. 互联网   B. 物联网   C. 综合国力   D. 自然资源

13. 在数据生命周期管理实践中，（　　　）是执行方法。

    A. 数据存储和备份规范　　　　　　　B. 数据管理和维护

    C. 数据价值发觉和利用　　　　　　　D. 数据应用开发和管理

14. 下列关于网络用户行为的说法，错误的是（　　　）。

    A. 网络公司能够捕捉到用户在其网站上的所有行为

    B. 用户离散的交互痕迹能够为企业提升服务质量提供参考

    C. 数字轨迹用完即自动删除

    D. 用户的隐私安全很难得以规范保护

15. 下列关于计算机存储容量单位的说法，错误的是（　　　）。

    A. 1 KB < 1 MB < 1 GB　　　　　　B. 基本单位是字节（Byte）

    C. 一个汉字需要一个字节的存储空间　D. 一个字节能够容纳一个英文字符

16. 下列关于聚类挖掘技术的说法，错误的是（　　　）。

    A. 不预先设定数据归类类目，完全根据数据本身性质将数据聚合成不同类别

    B. 要求同类数据的内容相似度尽可能小

    C. 要求不同类数据的内容相似度尽可能小

    D. 与分类挖掘技术相似的是，都是要对数据进行分类处理

17. 数据再利用的意义在于（　　　）。

    A. 挖掘数据的潜在价值

    B. 实现数据重组的创新价值

    C. 利用数据可扩展性拓宽业务领域

    D. 优化存储设备，降低设备成本

    E. 提高社会效益，优化社会管理

18. 按照涉及自变量的多少，可以将回归分析分为（　　　）。

    A. 线性回归分析　　　　　　　　　　B. 非线性回归分析

    C. 一元回归分析　　　　　　　　　　D. 多元回归分析

    E. 综合回归分析

19. 传统数据密集型行业积极探索和布局大数据应用的表现是（　　　）。

    A. 投资入股互联网电商行业　　　　　B. 打通多源跨域数据

    C. 提高分析挖掘能力　　　　　　　　D. 自行开发数据产品

    E. 实现科学决策与运营

20. 大数据人才整体上需要具备（　　　）等核心知识。

    A. 数学与统计知识　　　　　　　　　B. 计算机相关知识

    C. 马克思主义哲学知识　　　　　　　D. 市场运营管理知识

    E. 在特定业务领域的知识

二、简答题

1. 什么是大数据？试述大数据的基本特征。

2. 什么是数据挖掘？简述数据挖掘的作用。

3. 什么是数据仓库？简述数据库和数据仓库的区别与联系。

4. 什么是 NoSQL？试述 NoSQL 系统在大数据发展中的作用。

5. 什么是 NewSQL？查询相关资料，分析 NewSQL 的用途。

6. 大数据未来发展的趋势如何？

7. 举例说明大数据在营销中的应用。

8. 谈谈大数据产生的背景。

9. 简述数据挖掘在生活中的用途，试举例说明。

10. 简述大数据技术的本质。

第 10 章 数据库恢复技术

计算机同任何设备一样，都有可能发生故障。故障的原因多种多样，包括磁盘故障、电源故障、软件故障、灾害故障、人文破坏等。这些情况一旦发生，就有可能造成数据的丢失。因此，数据库管理系统必须采取必要的措施，以保证即使发生故障，也不会造成数据丢失，或尽可能减少数据丢失。

数据恢复作为数据库管理系统必须提供的一种功能，保证了数据库的可靠性，并保证在故障发生时，数据库总是处于一致的状态。这里的可靠性指的是数据库管理系统对各种故障的适应能力，也就是从故障中进行恢复的能力。

本章讨论各种类型的数据恢复技术。

10.1 数据恢复的基本概念

数据恢复（data recovery）是指通过技术手段，将保存在台式机硬盘、笔记本硬盘、服务器硬盘、存储磁带库、移动硬盘、U 盘、数码存储卡等设备上丢失的电子数据进行抢救和恢复的技术。

数据恢复是指当数据库发生故障时，将数据库恢复到正确状态的过程。换句话说，它是将数据库恢复到发生系统故障之前最近的一致性状态。

数据库恢复是基于事务的原子性特征。事务是一个完整的工作单元，它所包含的操作必须都被使用，并且产生一个一致的数据库状态。如果因为某种原因，事务中的某个操作不能执行，则必须终止该事务并回滚其对数据库的所有修改。因此，事务恢复是在事务终止前撤销事务对数据库的所有修改。

数据库恢复过程通常遵循一个可预测的方案。首先它确定所需要恢复的类型和程度。如果整个数据库都需要恢复到一致性状态，则将使用最近的一次处于一致性状态的数据库的备份进行恢复。通过使用事务日志信息，向前回滚备份以恢复所有的后续事务。如果数据库需要恢复，但数据库已提交的部分仍然不稳定，则恢复过程将通过事务日志撤销所有未提交的事务。

恢复机制有两个关键的问题：第一，如何建立备份数据；第二，如何利用备份数据进行恢复。

数据转储是数据库恢复中采用的基本技术。所谓转储就是数据库管理员定期地将整个数据库复制到辅助存储设备上，如磁带、磁盘。当数据库遭到破坏后可利用转储的数据库进行恢复，但这种方法只能恢复到数据库转储状态。如果想恢复到故障发生时的状态，则必须利用转储之后的事务日志，并重新执行日志中的事务。

转储是一项非常耗费资源的活动，因此不能频繁地进行。数据库管理员应该根据实际情况制定合适的转储周期。

转储可以分为静态转储和动态转储两种。

静态转储是在系统中无运行事务时进行的转储操作。即转储必须等到正在运行的所有事务结束才能开始，而且在存储时也不允许有新的事务运行。因此，这种转储方式会降低数据库的可用性。

动态转储是不用等待正在运行的事务结束就可以进行，而且在转储过程中也允许运行新的事务，因此转储过程中不会降低数据库的可用性。但不能保证转储结束后的数据库副本是正确的。

转储还可以分为海量转储和增量转储两种。海量转储是指每次转储全部数据库，增量转储是指每次只转储上一次转储之后修改过的数据。从恢复的角度看，使用海量转储得到的数据库副本进行恢复一般会比较方便，但如果数据库量很大，事务处理又比较频繁，则增量转储方式会更加有效。

海量转储和增量转储可以是动态的，也可以是静态的。

10.2　数据库故障的种类

数据库故障是指导致数据库值出现错误描述状态的情况，影响数据库运行的故障有很多种，有些故障仅影响内存，而有些还影响辅助存储器。数据库系统中可能发生的故障种类很多，大致可以分为以下几类。

1. 事务内部的故障

事务内部的故障有些是可以预期到的，这样的故障可以通过事务程序本身发现。例如，在银行转账事务中，当把一笔金额 A 账户转给 B 账户时，如果 A 账户中的金额不足，则不能进行转账，否则可以进行转账。这个对金额的判断就可以在事务的程序代码中进行判断。如果发现不能转账的情况，对事务进行回滚即可。这种事务内部的故障就不可预期。

但事务内部的故障有很多是非预期性的，这样的故障就不能由程序来处理，如运算溢出或因并发事务死锁而被撤销的事务等。我们后边所讨论的事务故障均指这类非预期的故障。

事务故障意味着事务没有达到预期的终点，因此，数据库可能处于不正确的状态。数据库的恢复机制要在不影响其他事务运行的情况下，强行撤销该事务中的全部操作，使得该事务就像没有发生过一样。这类恢复操作称为事务撤销。

2. 系统故障

系统故障是指造成系统停止运转、系统启动的故障。例如，硬件错误、操作系统故障、突然停电等。这样的故障会影响正在运行的所有事务，但不破坏数据库。这时内存中的内容全部丢失，这可能会有两种情况：第一种，这些未完成事务的结果可能已经送入物理数据库中，从而造成数据库可能处于不正确的状态；第二种，有些已经提交的事务可能有一部分结果还保留在缓冲区中，尚未写到物理数据库中，这样的系统故障就会丢失这些事务对数据的修改，也使数据库处于不一致状态。

因此，恢复子系统必须在系统重新启动时撤销所有未完成的事务，并重做所有已经提交的事务，以保证将数据库恢复到一致状态。

3. 其他故障

介质故障或由计算机病毒引起的故障或破坏，我们归为其他故障。

介质故障是指外存储设备故障，主要有磁盘损坏、磁头碰撞盘面、突然的强磁场干扰、数据传输部件出错、磁盘控制器出错等。这类故障将破坏数据库本身，影响到出故障前存储数据库的所有事务。介质故障比事务故障和系统故障发生的可能性要小得多，但破坏性很大。通常将系统故障称为软故障（soft crash），而将介质故障称为硬故障（hard crash）。

计算机病毒的破坏性很大，而且在不断地传播，它也可以对数据库造成毁坏或者毁灭性的破坏。

不管是哪类故障，对数据库的影响都有两种可能性：一种是数据库本身的破坏；另一种是数据库没有被破坏，但数据库可能不正确（因事务非正常终止）。

数据库恢复就是保证数据库的正确和一致，其原理很简单，就是冗余。即数据库中任何一部分被破坏的或不正确的数据均可根据存储系统识别处理的冗余数据来重新建设。尽管恢复的原理很简单，但现实的技术细节却很复杂。

10.3　数据库恢复的类型

无论出现何种类型的故障，都必须终止或提交事务，以维护数据完整性。事务日志系统在数据库恢复中起到了重要的作用，它使数据库在发生故障时能回到一致性状态。事务是数据库系统恢复的基本单元。恢复管理器保证发生故障的所有影响要么都被永久地记录到数据库中，要么都没有被记录。

事务的恢复类型有两种。

（1）向前恢复。

（2）向后恢复。

10.3.1　向前恢复

向前恢复用于物理损坏情形的恢复过程。例如，磁盘损坏、向数据库缓冲区写入数据时的故障或缓冲区中的信息传输到磁盘时出现的故障。事务的中间结果被写入数据缓冲区，在数据缓冲区和数据库的物理存储之间进行运输。当缓冲区的数据被传输到物理存储器后，更新操作才被认为是永久的。该传输操作可通过事务的 COMMIT 语句触发，或当缓冲区存满时自动触发。如果在写入缓冲区和传输缓冲区数据到物理存储器的过程中发生故障，则恢复管理器必须确定故障发生时执行 WRITE 操作的事务状态。如果事务已经执行了 COMMT 语句，则恢复管理器将重新做事务的操作，从而将事务的更新结果保存到数据库中。向前恢复保证了事务的持久性。

为了重新建设由于上述原因而造成损坏的数据库，系统首先读取最新的数据库转储和修改数据的事务日志。然后，开始读取日志记录，从数据库转储之后的第一个记录开始，一直读到物理损坏前的最后一次记录的值，使得数据库中的值是事务执行完后的最终结果。从数据库转储之后，每个修改数据库的事务操作都会按照事务最初执行的顺序被记录下来。因此，数据库可以恢复到被损坏时的最近状态。例如，图 10-1 就说明了一个向前恢复的例子。

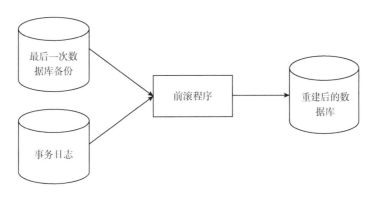

图 10-1　向前恢复（重做）图

10.3.2　向后恢复

向后恢复（也称为撤销，undo）是用于数据库正常操作过程中发生错误的恢复过程。这种错误可能是人为键入的数据，或是程序异常结束而留下的未完成的数据库修改。如果在故障发生时事务尚未提交，则将导致数据库的不一致性。因为在这期间，其他程序可能读取并使用了错误的数据。因此，恢复管理器必须撤销事务对数据库的所有影响。向后恢复保证了事务的原子性。

图 10-2 说明了一个向后恢复方法的例子。向后恢复时，从数据库的当前状态和事务日志的最后一条记录开始，程序按从前向后的顺序读取日志，将数据库中已经更新的数据值改为记录在日志中的更新前的值，直至错误发生点。因此，程序按照与事务中的操作执行相反的顺序撤销每一事务。

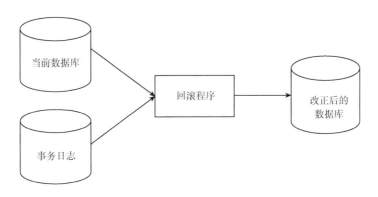

图 10-2　向后恢复（撤销）图

10.3.3　介质故障恢复

当发生介质故障时，磁盘上的物理数据和日志文件均遭到破坏，这是破坏最严重的一种故障。要想从介质故障中恢复数据库，则必须在故障前对数据库进行定期转储，否则很难恢复。

从介质故障恢复中恢复数据库的方法是首先排除介质故障。如用新的磁盘更换损坏的磁盘。然后重新安装数据库管理系统，使数据库管理系统能正常运行，最后再利用介质损坏前对数据库做的转储或利用镜像设备恢复数据库。

10.4　恢　复　技　术

数据库管理系统使用的恢复技术依赖于数据库损坏的类型和程度。其原理则是事务的所有操作必须作为一个逻辑工作单元对待，事务包含的操作都必须执行，并且要保证数据库的一致性。可能会发生的两种数据库损坏类型如下。

（1）物理损坏。如果数据库发生物理损坏，如磁盘损坏，则需要利用数据库的最新转储进行恢复。如果事务日志文件没有损坏，还可以利用事务日志重新执行已经提交事务的更新操作。

（2）非物理或事务故障。在事务的执行过程中，如果由于系统故障导致数据库不一致，则需要撤销引起不一致的修改。为了确保更新已到达物理存储设备，有必要重新做一些事务。这种情况下，通过使用事务日志文件中更新前的值和更新后的值，使数据库恢复到一致性状态，这种技术也称为基于日志的恢复技术。用于非物理或事务故障的恢复技术有延迟更新和立即更新两种。

10.4.1　延迟更新技术

采用延迟更新技术时，只有达到事务的提交点，更新才被写入数据库。换言之，数据库的更新要延迟到事务执行成功并提交时。在事务执行过程中，更新被记录在事务日志和缓冲区中。当事务提交后，事务日志被写入磁盘，更新记录到数据库。如果一个事务在到达提交点之前出现故障，它将不会修改数据库，因此也没有必要进行撤销操作。然而，可能有必要重做某些已提交事务的更新，因为这些事务的更新可能未写入数据库。使用延迟更新技术时，事务日志的内容如下。

（1）当事务 T 启动时，将"事务开始"记录写入事务日志文件。

（2）在事务 T 执行期间，写入一条新的日志记录，更新记录包含所有之前指定的日志数据。

（3）当事务 T 的所有活动都成功提交时，将记录<T，COMMIT>写入日志，并将该事务的所有日志记录到磁盘上，然后提交该事务，使用日志记录来完成对数据库的真正更新。

（4）如果事务 T 被撤销了，则忽略该事务的事务日志，并且不执行写操作。

所有出现了事务开始和事务提交日志记录的事务必须重新做。新的顺序是按日志文件被写入数据库日志，并按顺序执行。如果在故障发生前已经执行了写操作，由于该写操作对数据项没有影响，因此即使再次写该数据也不会有问题。而且，这种方法保证了一定会更新所有在故障发生前没有被正确更新的数据项。

对所有出现了事务开始和事务撤销的日志记录事务，不进行特别的操作，因为它们实际上并没有写入数据库日记，从而这些事务也不必被撤销。

如果在恢复过程中又发生了系统崩溃，则可以再次使用日志记录来恢复数据库。写日志记录的方式决定了重写的次数。通过事务日志，数据库管理系统能够处理任何不丢失日志信息故障。预防事务日志丢失的方法是，将其同步备份到多个磁盘或其他辅助存储器上。由于事务日志丢失的可能性非常小，因此这种方法通常被称为稳定存储。

10.4.2　立即更新技术

采用立即更新技术时，更新一旦发生即被施加到数据库中，而无须等到事务提交点以及所有的更改被保存在事务日志时。除了需要重做故障之前已提交的事务所做的更改外，现在还需要撤销当故障发生时仍未提交的事务所造成的影响。在这种情况下，使用日志文件从以下几个方面来防止系统故障。

（1）当事务 T 开始时，"事务开始"被写入事务日志文件。

（2）当执行一个写操作时，向日志文件中写入一条包含必要数据的记录。

（3）一旦写入了事务日志记录，就对数据库缓冲区进行写更新。

（4）当缓冲区数据被转入辅助存储器时，写入对数据库的更新。

（5）读数据库自身的更新在缓冲区下一次被刷新到辅助存储时进行。

（6）当事务 T 提交时，"事务提交"记录被写入事务日志。

实际上，日志记录是在对应的写操作施加到数据库之前被写入的，这称为"先写日志协议"。因为如果先对数据库进行更新，而在日志记录被写入之前发生故障，则恢复管理器将无法进行撤销或重做。通过使用先写日志协议，恢复管理器可以大胆假设，如果在日志文件中不存在某个事务的提交记录，则该事务在故障发生时一定处于活动状态，因此必须被撤销。

如果事务被撤销，则可以利用日志撤销事务所做的修改，因为日志中包含了所有被更新字段的原始值。由于一个事务可能对一个数据项进行过多次更改，因此对写的撤销应该按逆序进行。无论事务的写操作是否被施加到了数据库本身，写入数据项前项保证了数据库被恢复到事务前的状态。

如果系统发生了故障，恢复过程使用日志对事务进行以下的撤销或重做。

（1）对任何"事务开始"和"事务提交"记录都出现在日志中的事务，用日志记录重做，按日志记录的方式写入更新字段的后项值。注意：即使新的值已被写入数据库中，虽然这里的写没有必要，但也不会造成任何不良影响。但这种操作却保证了之前所有被施加到数据库的写操作，现在都会被执行。

（2）对任何"事务开始"记录出现在日志中，而"事务提交"记录未出现在日志中的事务，必须撤销它。在这里是有日志记录得到被修改字段的前项值，并将前项值写入数据库，从而将数据库恢复到事务开始之前的状态。撤销操作按它们被写入日志的逆序进行。

10.4.3　镜像页技术

在镜像页模式中，数据库被认为是由固定大小的磁盘页或者分区的逻辑存储单元组成的。它通过页表将页映射到物理存储分区，数据库中的每一个逻辑页对应页表中的一条记录。每条记录包含页所存储的物理存储的分区号。因此，镜像页模式是间接页分配的一种形式。在单用户环境下，镜像页技术不需要使用事务日志，但在多用户环境下可能需要事务日志来支持并发控制。

镜像页方法在事务的生存期内，为其维护两个页表：一个是当前页表，另一个是镜像页表。当事务刚启动时，两个页表是一样的。此后镜像页表不再改变，并在系统故障时用于恢复数据库。在事务执行过程中，当前页表被用于记录对数据库的所有更新。但事务结束时，当前页表转变成镜像页表，如图 10-3 所示。

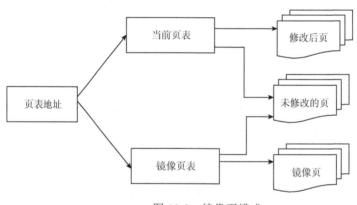

图 10-3　镜像页模式

如图 10-3 所示，被事务影响的页被复制到新的物理存储区中，通过当前页表，这些分区和那些没有被修改的分区是事务可以访问的。

被更改的页的老版本保持不变，并且通过镜像页表事务仍然可以访问这些页。镜像页表包含事务开始之前页表中存在的记录以及指向从未被事务修改的分区记录。镜像页表在事务发生时保持不变，在撤销事务时使用。

相对基于日志的方法，镜像页技术有很多优点：它消除了维护事务日志文件的开销，而且由于不需要对操作进行撤销或重做，所以其恢复速度也非常快。但它也有缺点，如数据碎片或分散，需要定期进行垃圾收集以回收不能访问的分区。

10.4.4　检查点技术

在利用日志进行数据库恢复时，恢复子系统必须搜索日志，以确定哪些需要重做，哪些需要撤销。一般来说，需要检查所有的日志记录。这样做有两个问题：一个是搜索整个日志将消耗较多的时间；二是很多需要重新做处理的事务实际上可能已经将它们的更新结果写到了数据库中，而恢复子系统又重新执行了这些操作，同样浪费大量时间。为了解决这些问题，又发展了具有检查点的恢复技术。这种技术在日志文件中增加两个新的记录——检查点记录和重新开始记录，并让恢复子系统在登记日志文件期间动态地维护日志。

检查点记录的内容包括以下两点。

（1）建立检查点时刻所有正在执行的事务列表。

（2）这些事务最近一个日志记录的地址。

重新开始文件用于记录各个检查点记录在日志文件中的地址，如图 10-4 所示。

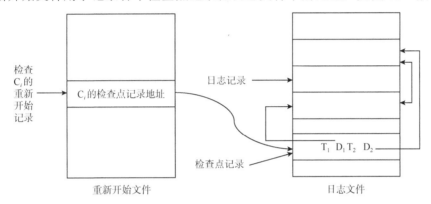

图 10-4　具有检查点的日志文件和重新开始文件

动态维护日志文件的方法是周期性地执行建立检查点和保存数据库状态的操作。

具体步骤如下。

（1）将日志缓冲区的所有日志写入磁盘日志文件上。

（2）在日志文件中写入一个检查点记录，该记录包含所有在检查点运行的事务的标识。

（3）将数据缓冲区中所有修改过的数据写入一个重新开始文件，以便在发生系统故障时能重新启动系统。

（4）将缓冲区中所有修改过的数据写入磁盘数据库中。

恢复子系统可以定期或不定期地建立检查点来保存数据库的状态。检查点可以按照预订的时间间隔建立，如每隔 15 分钟、30 分钟或 1 小时建立一个检查点，也可以按照某种规则建立检查点，如日志文件已写满一半建立一个检查点。

使用检查点方法可以改善恢复效率。如果事务 T 在某个检查点之前提交。则 T 对数据库所做的修改均已写入数据库，写入时间是在这个检查点建立之前或在这个检查点建立之时。这样，在进行恢复处理时，没有必要对事务 T 执行重做操作。

在系统出现故障时，恢复子系统根据事务的不同状态采取不同的恢复策略，如图 10-5 所示。

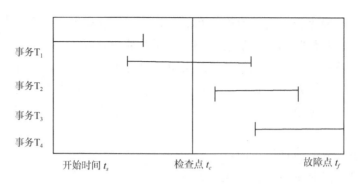

图 10-5　检查点示例

假设使用事务日志进行立即更新，同时考虑图 10-5 所示的事务 T_1、T_2、T_3 和 T_4 的时间线，当系统在 t_f 时刻发生故障时，只需要扫描事务日志至最近的一个检查点 t_c。

（1）事务 T_1 是在检查点之前提交的，因此没有问题，不需要重做。

（2）事务 T_2 是在检查点之前开始的，但在故障点时已经完成，因此需要重做。

（3）事务 T_3 是在检查点之后开始的，但在故障点时已经完成，因此也需要重做。

（4）事务 T_4 也是在检查点之后开始的，而且在故障点时还没有完成，因此需要撤销。

10.5　磁盘数据恢复

磁盘数据恢复是指对磁盘中存储的数据进行抢救和恢复，防止磁盘中的数据丢失或者出现崩溃的技术。

1. 数据恢复的原理

现实中很多人不知道删除、格式化等硬盘操作丢失的数据可以恢复，以为删除、格式化以后数据就不存在了。事实上，上述简单操作后数据仍然存在于硬盘中，懂得数据恢复原理知识的人只需几下便可将消失的数据找回来，不要觉得不可思议，在了解数据在硬盘、优盘、软盘等介质上的存储原理后，你也可以亲自做一回"魔术师"。

2. 数据恢复的方法

1）分区

硬盘存放数据的基本单位为扇区，我们可以理解为一本书的一页。当我们装机或买来一个移动硬盘，第一步便是为了方便管理——分区。无论用何种分区工具，都会在硬盘的第一个扇区标注上硬盘的分区数量、每个分区的大小、起始位置等信息，术语称为主引导记录（MBR），也有人称为分区信息表。当主引导记录因为各种原因（硬盘坏道、病毒、误操作等）被破坏后，一些或全部分区自然就会丢失不见，根据数据信息特征，我们可以重新推算分区大小及位置，手工标注到分区信息表，"丢失"的分区就回来了。

2）文件分配表

为了管理文件存储，硬盘分区完毕后，接下来的工作是格式化分区。格式化程序根据分区大小，合理地将分区划分为目录文件分配区和数据区，就像我们看的小说，前几页为章节目录，后面才是真正的内容。文件分配表内记录着每一个文件的属性、大小、在数据区的位置。我们对所有文件的操作，都是根据文件分配表来进行的。文件分配表遭到破坏以后，系统无法定位到文件，虽然每个文件的真实内容还存放在数据区，系统仍然会认为文件已经不存在。我们的数据丢失了，就像一本小说的目录被撕掉一样。要想直接找到想要的章节，已经不可能了，要想得到想要的内容（恢复数据），只能凭记忆知道具体内容的大约页数，或每页每页地（扇区）寻找你要的内容。

3）删除

我们向硬盘里存放文件时，系统首先会在文件分配表内写上文件名称、大小，并根据数据区的空闲空间在文件分配表上继续写上文件内容在数据区的起始位置。然后开始向数据区写上文件的真实内容，一个文件存放操作才算完毕。

删除操作却简单得很，当我们需要删除一个文件时，系统只是在文件分配表内在该文件前面写一个删除标志，表示该文件已被删除，它所占用的空间已被"释放"，其他文件可以使用它所占用的空间。所以，当我们删除文件又想找回它（数据恢复）时，只需用工具将删除标志去掉，数据便恢复回来了。当然，前提是没有新的文件写入，该文件所占用的空间没有被新内容覆盖。

4）格式化

格式化操作和删除相似，都只操作文件分配表，不过格式化是将所有文件都加上删除标志，或干脆将文件分配表清空，系统将认为硬盘分区上不存在任何内容。格式化操作并没有对数据区做任何操作，目录空了，内容还在，借助数据恢复知识和相应工具，数据仍然能够恢复回来。

注意：格式化并不是 100%能恢复，有的情况磁盘打不开，需要格式化才能打开。如果数据重要，千万别尝试格式化后再恢复，因为格式化本身就是对磁盘写入的过程，只会破坏残留的信息。

5）覆盖

因为磁盘的存储特性，当我们不需要硬盘上的数据时，数据并没有被拿走。删除时系统只是在文件上写一个删除标志，格式化和低级格式化也是在磁盘上重新覆盖写一遍以数字 0 为内容的数据，这就是覆盖。

一个文件被标记上删除标志后，它所占用的空间在有新文件写入时，将有可能被新文件占用覆盖写上新内容。这时删除的文件名虽然还在，但它指向数据区的空间内容已经被覆盖改变，恢复出来的将是错误异常内容。同样文件分配表内有删除标记的文件信息所占用的空间也有可能被新文件信息占用覆盖，文件名也将不存在了。

当将一个分区格式化后，又复制上新内容，新数据只是覆盖掉分区前部分空间，去掉新内容占用的空间，该分区剩余空间数据区上无序内容仍然有可能被重新组织，将数据恢复出来。

同理，克隆、一键恢复、系统还原等造成的数据丢失，只要新数据占用空间小于破坏前空间容量，数据恢复工程师就有可能恢复你要的分区和数据。

3. 防止数据丢失的方法

本节介绍关于防止数据丢失的三个方法。

1）永远不要将你的文件数据保存在操作系统的同一驱动盘上

我们知道大部分文字处理器会将你创建的文件保存在"我的文档"中，然而这恰恰是最不适合保存文件的地方。对于影响操作系统的大部分计算机问题（不管是因为病毒问题还是软件故障问题），通常唯一的解决方法就是重新格式化驱动盘或者重新安装操作系统。如果是这样的话，驱动盘上的所有东西都会丢失。

另外一个成本相对较低的解决方法就是在你的计算机上安装第二个硬盘，当操作系统被破坏时，第二个硬盘驱动器不会受到任何影响。如果你还需要购买一台新计算机，这个硬盘还可以被安装在新计算机上，而且这种硬盘安装非常简便。

如果你对安装第二个驱动盘的方法不太认可，另一个很好的选择就是购买一个外接式硬盘，外接式硬盘操作更加简便，可以在任何时候用于任何计算机，而只需要将它插入 USB 端口或者 firewire 端口。

2）定期备份你的文件数据，不管它们被存储在什么位置

将你的文件全部保存在操作系统是不够的，应该将文件保存在不同的位置，并且你需要创建文件的定期备份，这样我们就能保障文件的安全性，不管你的备份是否会失败：光盘可能被损坏、硬盘可能遭破坏、软盘被清除等原因。如果你想要确保能够随时取出文件，那么可以考虑进行二次备份，如果数据非常重要的话，甚至可以考虑在防火层保存重要的文件。

3）提防用户错误

虽然我们不愿意承认，但是很多时候是因为我们自己的问题而导致数据丢失。可以考虑利用文字处理器中的保障措施，如版本特征功能和跟踪变化。用户数据丢失最常见的情况就是当他们在编辑文件的时候，意外地删除掉某些部分，那么在文件保存后，被删除的部分就丢失了，除非你启用了保存文件变化的功能。

如果你觉得那些功能很麻烦，那么建议你在开始编辑文件之前将文件另存为不同名称的文件，这个办法不像其他办法一样组织化，不过确实是一个好办法，也能够解决数据丢失的问题。

4. 数据恢复的技巧

1）不必完全扫描

如果你仅想找到不小心误删除的文件，无论使用哪种数据恢复软件，也不管它是否具有类似 Easy Recovery 快速扫描的方式，其实都没必要对删除文件的硬盘分区进行完全的簇扫描。因为文件被删除时，操作系统仅在目录结构中给该文件标上删除标识，任何数据恢复软件都会在扫描前先读取目录结构信息，并根据其中的删除标志顺利找到刚被删除的文件。所以，你完全可在数据恢复软件读完分区的目录结构信息后就手动中断簇扫描的过程，软件一样会把被删除文件的信息正确列出，如此可节省大量的扫描时间，快速找到被误删除的文件数据。

2）尽可能采取 NTFS 格式分区

NTFS 分区的 MFT 以文件形式存储在硬盘上，这也是 Easy Recovery 和 Recover4all 即使使用完全扫描方式对 NTFS 分区扫描也那么快速的原因——实际上它们在读取 NTFS 的 MFT 后并没有真正进行簇扫描，只是根据 MFT 信息列出了分区上的文件信息，

非常取巧,从而在 NTFS 分区的扫描速度上压倒了老老实实逐个簇扫描的其他软件。不过对于 NTFS 分区的文件恢复成功率各款软件几乎是一样的,事实证明,这种取巧的办法确实有效,也证明了 NTFS 分区系统的文件安全性确实比 FAT 分区高得多,这也就是NTFS 分区数据恢复在各项测试成绩中最好的原因,只要能读取到 MFT 信息,就几乎能100%恢复文件数据。

3)巧妙设置扫描的簇范围

设置扫描簇的范围是一个有效加快扫描速度的方法。像 Easy Recovery 的高级自定义扫描方式、Final Data 和 File Recovery 的默认扫描方式都可以让你设置扫描的簇范围以缩短扫描时间。当然要判断目的文件在硬盘上的位置需要一些技巧,这里提供一个简单的方法,使用操作系统自带的硬盘碎片整理程序中的碎片分析程序(千万小心不要碎片整理,只是用它的碎片分析功能),在分区分析完后程序会将硬盘的未使用空间用图形方式清楚地表示出来,那么根据图形的比例估计这些未使用空间的大致簇范围,搜索时设置只搜索这些空白的簇范围就好了,对于大的分区,这确实能节省不少扫描时间。

4)使用文件格式过滤器

以前没用过数据恢复软件的在第一次使用时可能会被软件的能力吓一跳,你的目的可能只是要找几个误删的文件,可软件却列出了成百上千个以前删除了的文件,要找到自己真正需要的文件确实十分麻烦。这里就要使用 Easy Recovery 独有的文件格式过滤器功能了,扫描时在过滤器上填好要找文件的扩展名,如 "*.doc",那么软件就只会显示找到的 DOC 文件;如果只是要找一个文件,你甚至只需要在过滤器上填好文件名和扩展名(如 important.doc),软件自然会找到你需要的这个文件,很是快捷方便。

10.6 本 章 小 结

本章主要讲述了数据库恢复的基本概念、数据库恢复的种类、数据库恢复的类型以及数据库恢复的技术。通过本章的学习,读者应该掌握数据库恢复的基本理论知识,对数据的基本恢复技术有全面的了解。

习　　题

一、选择题

1. 若数据库中只包含成功事务提交的结果,则此数据库就称为处于(　　　)状态。
   A. 一致　　　　　　B. 安全　　　　　　C. 不一致　　　　　　D. 不安全

2. 若系统运行过程中,由于某种硬件故障,使存储在外存上的数据部分损失或全部损失,这种情况称为(　　　)。
   A. 运行故障　　　B. 介质故障　　　C. 系统故障　　　D. 事务故障

3. 数据库恢复可采取定期将数据库做成(　　　)。
   A. 检查点文件　　B. 副本文件　　　C. 日志文件　　　D. 死锁文件

4. (　　　)用来记录对数据库中数据进行的每一次更新操作。

　　A. 后援副本　　　　B. 缓冲区　　　　　C. 日志文件　　　　　D. 数据库
5. DB 的转储属于 DBMS 的（　　　）。
　　A. 安全性措施　　　B. 恢复措施　　　　C. 完整性措施　　　　D. 并发控制措施
6. 关于数据镜像技术正确的是（　　　）。
　　A. 数据库镜像技术就是复制数据库
　　B. 数据库镜像技术要求镜像盘和被镜像盘分区或分页大小一致，才可以完成镜像
　　C. 数据库镜像对两个磁盘大小或者两个磁盘分页没有要求
　　D. 以上说法都不正确
7. 用于数据库恢复的重要文件是（　　　）。
　　A. 数据库文件　　　B. 日志文件　　　　C. 索引文件　　　　D. 备注文件
8. DBMS 中实现事务持久性的子系统是（　　　）。
　　A. 并发控制子系统　　　　　　　　　B. 恢复管理子系统
　　C. 完整性管理子系统　　　　　　　　D. 安全性管理子系统
9. 日志文件是用于记录（　　　）。
　　A. 数据操作　　　　　　　　　　　　B. 程序运行过程
　　C. 对数据的所有更新操作　　　　　　D. 程序执行的结果
10. 后援副本的用途是（　　　）。
　　A. 故障后的恢复　　B. 安全性保障　　　C. 一致性控制　　　D. 数据的转储
11. 关于数据冗余说法正确的是（　　　）。
　　A. 数据冗余指的是数据库中的重复内容，冗余越多越好
　　B. 数据冗余在数据库中是不可能没有的，越少越好
　　C. 数据冗余在数据库中越少越好，越少数据库运行越慢
　　D. 数据冗余就是数据库中的日志文件
12. "事务工作完成"的标志是（　　　）。
　　A. 事务转入计算机后台执行
　　B. 事务中的所有操作都已做完
　　C. 事务的"提交标志"已经安全地存入相关的日志文件
　　D. 事务对数据库的修改从缓冲区安全存入磁盘
13. 在数据库的如下两个表中，若雇员信息的主键是雇员号，部门信息表的主键是部门号，在下列所给的操作中，（　　　）操作不能执行。

雇员信息表

雇员号	雇员名	部门号	工资
001	张山	02	2000
010	王宏达	01	1200
056	马林生	02	1000
101	赵敏	04	1500

部门信息表

部门号	部门名	主任
01	业务部	李建
02	销售部	应伟东
03	服务部	周垠
04	财务部	陈力胜

　　A. 将雇员信息表中雇员号='010' 的工资改为 1600 元
　　B. 从雇员信息表中删除行（'010'，'王宏达'，'01'，1200）
　　C. 将行（'102'，'赵敏'，'01'，1500）插入雇员信息表中

D. 将雇员信息表中雇员号＝'101'的部门号改为'05'

14. 事务的持久性由 DBMS 的（　　　）子系统保证。

  A. 通信   B. 完整性检测 C. 恢复管理   D. 并发控制

15. 数据库恢复的基础是利用转储的冗余数据。这些转储的冗余数据包括（　　　）。

  A. 数据字典、应用程序、日志文件、审计档案

  B. 日志文件、数据库后备副本

  C. 数据字典、应用程序、数据库后备副本

  D. 数据字典、应用程序、审计档案、数据库后备副本

16. 若一个事务执行成功，则它的全部更新被提交；若一个事务执行失败，则 DB 中被其更新过的数据恢复原状，就像这些更新从未发生过，这保持数据库处于（　　　）。

  A. 一致性状态 B. 完整性状态 C. 安全性状态 D. 可靠性状态

17. SQL 的 ROLLBACK 语句的主要作用是（　　　）。

  A. 中断程序   B. 事务回退   C. 事务提交   D. 终止程序

18. 在设置检查点情况下，系统故障的恢复（　　　）。

  A. 不需要回滚未提交的事务

  B. 重做最后一个检查点之后提交事务的更新操作

  C. 回滚未提交的事务至最后一个检查点

  D. 重做日志文件中所有已经提交的事务

19. 授权定义经过编译后存储在（　　　）中。

  A. 文件系统   B. 数据字典 C. 表   D. 数据库

20. 若系统在运行过程中，由于某种原因，造成系统停止运行，致使事务在执行过程中以非控制方式终止，这时内存中的信息丢失，而存储在外存上的数据未受影响，这种情况称为（　　　）。

  A. 事务故障   B. 系统故障 C. 运行故障   D. 介质故障

二、简答题

1. 数据库环境中的事务故障类型有哪些？

2. 什么是数据库恢复？向前恢复和向后恢复的含义是什么？

3. 恢复管理器是如何保证事务的原子性和持久性的？

4. 系统故障和介质故障的区别是什么？

5. 立即更新和延迟更新的区别是什么？

第 11 章 实 验 部 分

实验 1　服务器的启动、暂停和停止

【实验目的】

（1）熟悉 SQL Server 2005 配置管理器。

（2）掌握服务器的启动方法。

（3）掌握服务器的暂停方法。

（4）掌握服务器的停止方法。

【实验环境】

SQL Server 2005。

【实验重点及难点】

利用 SQL Server 配置管理器实现服务器的启动、暂停和停止。

【实验内容】

实训 1　服务器管理

启动、暂停和停止服务的方法很多，这里主要介绍利用 SQL Server 配置管理器完成这些操作，其操作步骤如下。

（1）单击"开始"→"Microsoft SQL Server 2005"→"配置工具"，选择"SQL Server Configuration Manager"选项，打开 SQL Setver 配置管理器，如图 11-1 所示。单击"SQL Server 2005 服务"选项，在右边的对话框里可以看到本地所有的 SQL Server 服务，包括不同实例的服务，如图 11-2 所示。

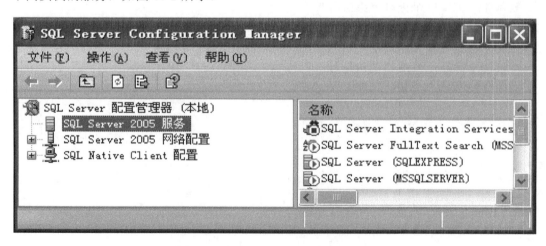

图 11-1　打开 SQL Server 配置管理器

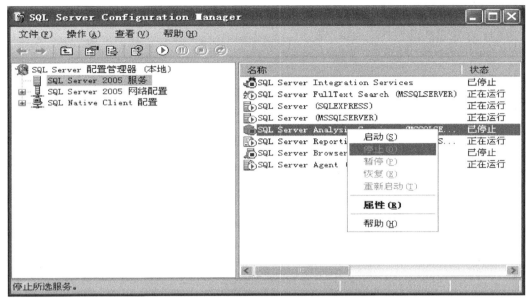

图 11-2 "SQL Server 2005 服务"选项

（2）如果要启动、停止、暂停 SQL Server 服务，鼠标指向服务名称，单击右键，在弹出的快捷键菜单里选择"启动""停止""暂停"选项即可。

实训 2 服务器注册

服务器注册主要是注册本地或者远程 SQL Server 服务器。打开 SQL Server 2005 下 Management Studio，进行服务器注册。注册步骤如下。

（1）在视图菜单中单击"已注册的服务器"选项，显示出已注册的服务器，如图 11-3 所示。

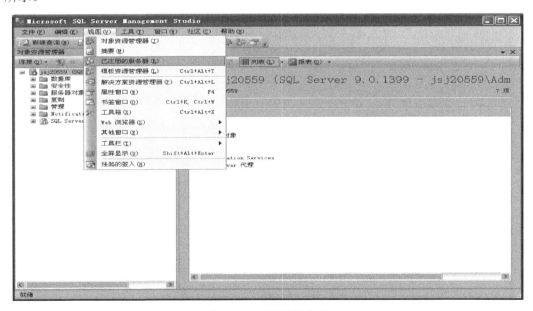

图 11-3 已注册服务器

（2）在图 11-3 已注册的服务器中，选择注册类型进行相应服务类型注册。

（3）在选定的服务类型的树形架构的根部单击鼠标右键，选择"新建"菜单下面的"服务器组"进行组的建立，如图 11-4 所示。

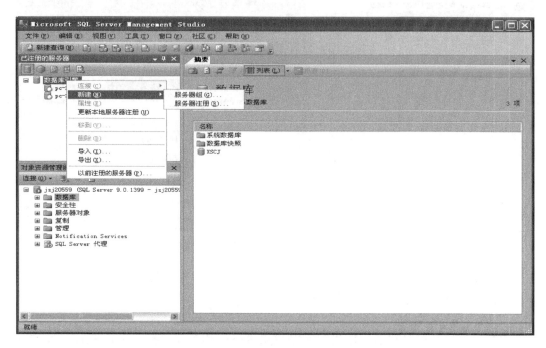

图 11-4　选择服务器组菜单

（4）输入服务器组名称，单击"保存"按钮即可，如图 11-5 所示。

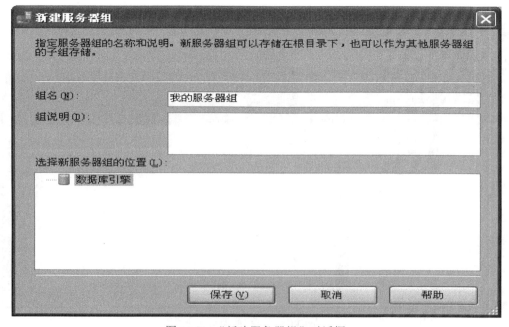

图 11-5　"新建服务器组"对话框

（5）在新建的服务器组下面注册服务器，在新建服务器节点处单击鼠标右键，弹出菜单，选择新建选项下面的服务器注册选项，进行服务器注册，如图 11-6 所示。填写服务器名称，选择相应的认证方式，输入用户名及密码，完成注册。

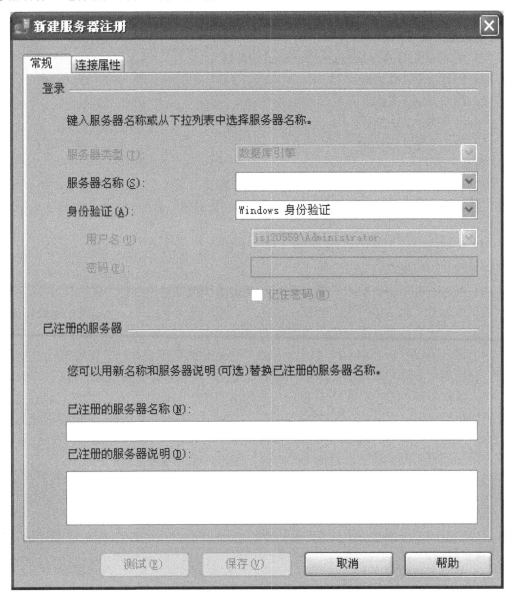

图 11-6 新建服务器注册

实验 2 创建并管理数据库

【实验目的】

（1）熟悉 SQL Server Management Studio 窗口。

（2）掌握创建数据库的方法。

（3）掌握管理数据库的方法。

【实验环境】

SQL Server 2005。

【实验重点及难点】

（1）启动 SQL Server Management Studio 窗口。

（2）创建 XSCJ 数据库。

（3）修改 XSCJ 数据库。

（4）分离 XSCJ 数据库。

（5）附加 XSCJ 数据库。

【实验内容】

（1）打开"SQL Server Management Studio"窗口，在"对象资源管理器"中展开服务器，鼠标右键单击"数据库"节点，选择"新建数据库"命令，会出现"新建数据库"对话框。

（2）在对话框的"数据库名称"框内输入数据库名"XSCJ"后，单击"确定"按钮，即可创建默认大小的数据库。

（3）鼠标右键单击"XSCJ"数据库，在弹出的快捷菜单中选择"属性"命令，会出现"数据库属性"对话框；在对话框中选项"文件"选项卡，可以增加或删除数据库文件，单击"确定"按钮，即可完成数据库的修改。

（4）鼠标右键单击"XSCJ"数据库，在弹出的快捷菜单中选择"任务"→"分离"命令，会出现"分离数据库"对话框，单击"确定"按钮，即可完成数据库的分离。

（5）鼠标右键单击"XSCJ"数据库，在弹出的快捷菜单里选择"附加"命令，会出现"附加数据库"对话框，在该对话框中单击"添加"按钮，会出现"定位数据库文件"对话框，在该对话框中，选择要附加的数据库文件（.mdf），单击"确定"按钮后，返回到"附加数据库"对话框，再单击"确定"按钮，即可完成数据库的附加。

实验 3　创建表并输入数据

【实验目的】

（1）熟悉创建数据表的操作。

（2）掌握创建数据表的操作。

（3）掌握数据输入和修改的操作。

【实验环境】

SQL Server 2005。

【实验重点及难点】

（1）在 XSCJ 数据库中分别创建学生情况表 XSQK、课程表 KC，学生与课程表 XS-KC，其结构分别如表 11-1～表 11-3 所示。

表 11-1　学生情况表 XSQK

列名	数据类型	长度	属性			约束
			是否允许为空	默认值	标识符	
学号	Char	6	否	无		主键
姓名	Char	8	否	无		唯一
性别	Bit	1	否	1		0 或 1
出生日期	Smalldatetime	4	否	无		
所在系	Char	10	否	无		
专业名	Char	10	否	无		
联系电话	Char	11	是	无		6 为数字
总学分	Tinyint	1	是	无		0~200
备注	Text	30	是	无		

表 11-2　课程表 KC

列名	数据类型	长度	属性			约束
			是否允许为空	默认值	标识列	
序号	Int	4			初始值增量为 1	
课程号	Char	3	否	无		主键
课程名	Char	20	否	无		
授课教师	Char	8		无		
开课学期	Tinyint	1	否	1		只能为 1~6
学时	Tinyint	1		无		
学分	Tinyint	1		无		

表 11-3　学生与课程表 XS-KC

列名	数据类型	长度	属性		约束
			是否允许为空	默认值	
学号	Char	6	否	无	外键，参照 XSQK 表 · 组合为主键
课程号	Char	3	否	无	外键，参照 KC 表
成绩	Tinyint	1		无	0~100
学分	Tinyint	1		无	

（2）分别向 XSQK、KC 和 XS-KC 表中输入数据，其内容由用户自定义。

【实验内容】

（1）打开 "SQL Server Management Studio" 窗口，单击 "标准" 工具栏汇总 "新建查询" 按钮，会出现如图 11-7 所示的查询分析器界面。

图 11-7　查询分析器界面

（2）在"SQL 编辑器"工具栏中，单击"可用数据库"右边的下拉按钮，将当前数据库切换成"XSCJ"库。

（3）在查询窗口中，输入如下的命令。

CREATE TABLE XSQK

（学号 CHAR（6）NOT NULL，

姓名 CHAR（8）NOT NULL，

性别 BIT NOT NULL DEFAULT 1，

生日 datetime NOT NULL，

专业 CHAR（10）NOT NULL，

所在系 CHAR（10）　NOT NULL，

联系电话 CHAR（11），

总学分 TINYINT，

备注 TEXT，

CONSTRAINT　PK_XSQK_XH　PRIMARY KEY（学号），

CONSTRAINT　UQ_XSQK_DH UNIQUE（ 姓名），

CONSTRAINT　CK_XSQK_XB CHECK（ 姓名=1 OR 姓名=0），

CONSTRAINT　CK_XSQK_DH　CHECK（联系电话 like '1[0-9][0-9][0-9][0-9][0-9][0-9][0-9][0-9][0-9][0-9]'），

CONSTRAINT　CK_XSQK_ZXF CHECK（总学分<=0 AND 总学分<=200））

GO

CREATE TABLE KC

（序号 INT identity，

课程号 CHAR（3）NOT NULL PRIMARY KEY（课程号），

课程名 CHAR（20）NOT NULL，

授课教师 CHAR（8），

开课学期 TINYINT NOT NULL DEFAULT 1，

学时 TINYINT NOT NULL，

学分 TINYINT，

CONSTRAINT CK_KC_XQ CHECK（开课学期>=1 AND 开课学期<=6））

GO

CREATE TABLE XS_KE

（学号 CHAR（6）NOT NULL　REFERENCES XSQK（学号），

课程号 CHAR（3）NOT NULL，

成绩 TINYINT CHECK（成绩>=0 AND 成绩<=100），

学分 TINYINT，

PRIMARY KEY（学号，课程号），

FOREIGN KEY（课程号）references KC（课程号））

（4）在"对象资源管理器"中展开数据库"XSCJ"，鼠标右键单击"表"节点，在弹出的快捷菜单中选择"刷新"命令，可看到创建好的三张表。

实验 4　使用 SELECT 语句查询数据（一）——简单查询

【实验目的】

掌握 SELECT 语句的使用和简单查询方法。

【实验环境】

SQL Server 2005。

【实验重点及难点】

（1）启动 SQL Server 2005 查询环境。

（2）涉及单表的简单查询。

【实验内容】

（1）打开"SQL Server Management Studio"窗口。

（2）单击"标准"工具栏的"新建查询"按钮，打开"查询编辑器"窗口。

（3）在窗口中输入以下 SQL 查询命令并执行。

a. 在 KC 表中，查询第二学期开课的课程、授课教师。

b. 在 XSQK 表中，查询女同学的姓名和电话号码。

c. 在 XS-KC 表中，查询成绩在 80 分以上的学号、课程号和成绩。

d. 在 XS-KC 表中，查询成绩在 80 分以上和不及格学生的信息。

e. 在 XSQK 表中，查询不在 1980 年 7～9 月出生的学生信息。

f. 在 XSQK 表中，查询陈姓且单名的信息。

g. 在 XSQK 表中，查询学号中含有 1 的记录信息。

h. 在 XSQK 表中，查询电话号码第 7 位为 4 和 6 的记录信息。

i. 在 KC 表中，查询第一、三、五学期开设的课程信息。

j. 查询 XSQK 表，输出学号、姓名、出生日期，并使查询结构按出生日期升序排列。

实验 5　使用 SELECT 语句查询数据（二）——汇总查询

【实验目的】

掌握数据汇总查询及其相关子句的使用。

【实验环境】

SQL Server 2005。

【实验重点及难点】

（1）启动 SQL Server 2005 查询环境。

（2）涉及单表的汇总查询。

【实验内容】

（1）打开"SQL Server Management Studio"窗口。

（2）单击"标准"工具栏的"新建查询"按钮，打开"查询编辑器"窗口。

（3）在窗口中输入以下 SQL 查询命令并执行。

a. 在 KC 表中，统计每学期的总分数。

b. 在 XS-KC 表中，统计每个学生选修课程的门数。

c. 统计 KC 表中的总学分，并显示明细信息。

d. 按开课学期统计 KC 表中各期的学分，并显示明细信息。

e. 将 XS-KC 表中的数据记录按学号分类汇总，输出学号和平均分。

f. 查询平均分大于 70 且小于 80 的学生学号和平均分。

g. 查询 XS-KC 表，输出学号、课程号、成绩，并使查询结果首先按照课程号的升序排列，当课程号相同时再按照成绩降序排列，并将查询结果保存到新表 TEMP-KC 中。

h. 查询选修"101"课程的学生的最高分和最低分。

i. 统计每个学期所开设的课程门数。

j. 查询各专业的学生人数。

实验 6　使用 SELECT 语句查询数据（三）——连接查询和子查询

【实验目的】

（1）掌握连接的查询方法。

（2）了解子查询的查询方法。

【实验环境】

SQL Server 2005。

【实验重点及难点】

（1）启动 SQL Server 2005 查询环境。

（2）涉及多表的复杂查询。

【实验内容】

（1）打开"SQL Server Management Studio"窗口。

（2）单击"标准"工具栏的"新建查询"按钮，打开"查询编辑器"窗口。

（3）在窗口中输入以下 SQL 查询命令并执行。

a. 查询不及格学生的学号、课程名、授课教师、开课学期的信息。

b. 按学号分组汇总总分高于 100 的学生记录，并按总分的降序排列。

c. 使用子查询查询恰好有两门课程不及格的学生信息。

d. 使用子查询查询每门课程最高分的学生记录。

e. 使用子查询查询每个学生最低分的课程记录。

实验 7　创建视图并通过视图操作表数据

【实验目的】

（1）掌握视图的创建。

（2）掌握使用视图来插入、更新、删除表数据。

【实验环境】

SQL Server 2005。

【实验重点及难点】

（1）启动 SQL Server 2005 查询编辑器。

（2）创建一个简单的视图，查询第三学期及其以后开课的课程信息。

（3）在视图中使用 INSERT 语句插入数据。

（4）在视图中使用 UPDATE 语句更新数据。

（5）在视图中使用 DELETE 语句删除数据。

【实验内容】

1. 创建视图

（1）打开"SQL Server Management Studio"窗口。

（2）单击"标准"工具栏的"新建查询"按钮，打开"查询编辑器"窗口。

在窗口内直接输入以下语句，按要求创建视图。

在 XSCJ 数据库中，基于 KC 表创建一个名为"v_开课信息"的视图，要求该视图中包含列"课程号""课程名""开课学期"和"学时"，并且限定视图中返回的行中只包括第三学期及以后开课的课程信息。

```
USE  XSCJ
CREATE   VIEW   v_开课信息
AS
SELECT  课程号，课程名，开课学期，学时
FROM  KC
WHERE  开课学期>=3
```

（3）单击"SQL 编辑器"工具栏的"分析"按钮，检查输入的 T-SQL 语句是否有语

法错误。如果有语法错误，则进行修改。

（4）确保无语法错误后，在 XSCJ 数据库中就会添加一个名为"v_开课信息"的视图，通过 SELECT 语句查看视图中的数据，查询结果如图 11-8 所示。

图 11-8　利用 SELECT 语句查看视图中的数据

2. 在视图中使用 INSERT 语句插入数据

（1）在"查询编辑器"窗口内输入以下语句，在视图中插入一行数据。

INSERT　INTO　v_开课信息

VALUES（'022'，'ASP'，4，80）

（2）单击"SQL 编辑器"工具栏的"执行"按钮。

（3）执行上述语句后，利用 SELECT 语句查看视图中的数据，查询结果如图 11-9 所示。

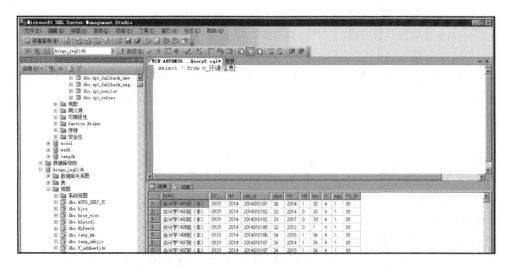

图 11-9　开课信息查询结果

3. 在视图中使用 UPDATE 语句更新数据

（1）在"查询编辑器"窗口内输入以下语句，修改视图中的数据。

UPDATE v_开课信息

SET 开课学期=5，学时=80

WHERE 课程号='012'

（2）单击"SQL 编辑器"工具栏的"执行"按钮。

（3）执行上述语句后，视图中课程号为"012"的数据记录被修改了，基表中对应数据记录也被修改了。通过 SELECT 语句查看视图和基表中的数据，查询结果如图 11-10 所示。

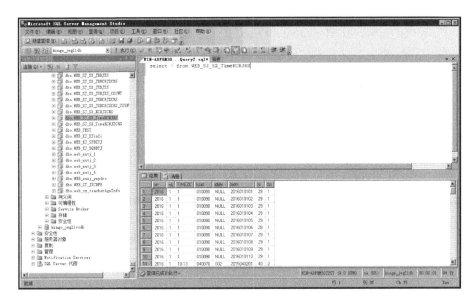

图 11-10 课程信息查询结果

4. 在视图中使用 DELETE 语句删除数据

（1）在"查询编辑器"窗口内输入以下语句，删除视图中的数据。

DELETE FROM v_课程信息

WHERE 课程号='022'

（2）单击"SQL 编辑器"工具栏的"执行"按钮。

（3）执行上述语句后，先前在视图中添加的数据行被删除。同时，在基本表中该数据行也被删除。

实验 8 使用规则实现数据完整性

【实验目的】

（1）掌握规则的创建、绑定、解除绑定。

（2）掌握使用规则实现数据完整性的方法。

【实验环境】

SQL Server 2005。

【实验重点及难点】

（1）启动 SQL Server 2005 查询编辑器。

（2）创建一个关于开课学期的规则，并绑定到列，实现数据的完整性。

（3）创建一个关于性别的规则，并绑定到列，实现数据的完整性。

（4）创建一个关于学分的规则，并绑定到列，实现数据的完整性。

【实验内容】

1. 创建一个关于开课学期的规则

（1）打开"SQL Server Management Studio"窗口。

（2）单击"标准"工具栏的"新建查询"按钮，打开"查询编辑器"窗口。

（3）在窗口内直接输入以下语句，创建规则，将"开课学期"列的值约束在 1~8。

```
USE XSCJ
CREATE RULE kkxq_rule
AS @开课学期>=1 AND @开课学期<=8
GO
```

（4）单击"SQL 编辑器"工具栏的"分析"按钮，检查输入的 T-SQL 语句是否有语法错误。如果有语法错误，则进行修改。

（5）确保无语法错误后，单击"SQL 编辑器"工具栏的"执行"按钮。

（6）在"查询分析器"窗口内输入以下语句，将所创建的规则绑定到"开课学期"列。

```
EXEC Sp_bindrule 'kkxq_rule'，'KC.开课学期'
GO
```

（7）单击"SQL 编辑器"工具栏的"执行"按钮。

（8）在"对象资源管理器"中，展开目标数据库中的"表"节点，鼠标右键单击目标表"KC"，在弹出的快捷菜单中选择"打开表"命令，输入一行新记录，检验"开课学期"列值的约束情况。如果输入的数据不符合规则，则会出现插入异常的提示，表示插入违背了规则。

2. 创建一个关于性别的规则

（1）在"查询分析器"窗口内直接输入以下语句，为 XSQK 表的"性别"列创建规则，约束其值只能是"男"或"女"。

```
USE XSCJ
CREATE RULE sex_rule
AS @性别 in（'男'，'女'）
GO
```

（2）单击"SQL 编辑器"工具栏的"执行"按钮。

（3）在"查询编辑器"窗口内输入以下语句，将所创建的规则绑定到"性别"列。

```
EXEC Sq_bindrule 'sex_rule'，'XSQK，性别'
```

（4）单击"ASQL 编辑器"工具栏的"执行"按钮。

（5）在"对象资源管理器"中，展开目标数据库中的"表"节点，鼠标右键单击目标表"XSQK"，在弹出的快捷菜单中选择"打开表"命令，输入一行新记录，检验"性别"列值的约束情况。

3. 创建一个关于学分的规则

（1）在"查询编辑器"窗口内直接输入以下语句，创建规则，要求"学分"列的值只能输入在 1~6 的数字。实现步骤如下所述。

USE XSCJ

CREATE RULE xf_rule

AS @学分 like '[1-6]'

GO

（2）单击"SQL 编辑器"工具栏的"执行"按钮。

（3）在"查询编辑器"窗口内输入以下语句，将所创建的规则绑定到"学分"列。

EXEC sp_bindrulr 'xf_rule'，'KC.学分

GO

（4）单击"执行"按钮。

实验 9 使用 T-SQL 编写程序

【实验目的】

（1）掌握常用函数的使用方法。

（2）掌握流程控制语句的使用方法。

【实验环境】

SQL Server 2005。

【实验重点及难点】

（1）启动 SQL Server 2005 查询编辑器。

（2）应用转换函数。

（3）应用聚合函数。

（4）应用字符串函数。

（5）应用 IF...ELSE 语句。

【实验内容】

1. 应用转换函数

（1）打开"SQL Server Manageement Studio"窗口。

（2）单击"标准"工具栏的"新建查询"按钮，打开"查询编辑器"窗口。

（3）在窗口内直接输入以下语句，求 KC 表中课程号为"107"的课程名称的长度，并输入结果。

USE   XSCJ

DECLAREd @length   int

SELECT   @length=LEN（课程名） FROM   KC   WHERE   　课程号　＝'107'

PRINT 107 号课程名称的长度为：＋CONVERT（varchar（4），@length）

（4）单击"SQL 编辑器"工具栏的"分析"按钮，检查输入的 T-SQL 语句是否有语法错误。如果有语法错误，则进行修改，直到没有语法错误。

（5）确保无语法错误后，单击"SQL 编辑器"工具栏的"执行"按钮。

2. 应用聚合函数

（1）在"查询编辑器"窗口内输入以下语句，统计 XSQK 表中的学生人数，并输出结果。

USE   XSCJ

declare   @counter   int

SELECT   @ counter =COUNT（*）FROM   XSQK

PRINT   'XSQK 表中共有 '+CAST（@ counter AS varchar（4））+'学生名'

（2）单击"SQL 编辑器"工具栏的"执行"按钮，显示执行结果。

3. 应用字符串函数

（1）在"查询编辑器"窗口内输入以下语句，将字符串"Welcome   to   SQL Qerver"转换为大写字母输出。

DECLARE   @ change   varchar（30）

SEL   @ change = 'Welcome to   SQL Server'

PRINT   UPPER（ @ change ）

（2）单击"SQL 编辑器"工具栏的"执行"按钮，显示执行结果。

4. 应用 IF...ELSE 语句

在"查询编辑器"窗口内输入以下语句，查询学号为"020101"的学生的平均分是否超过了 85 分，若超过则输出"××考出了高分"，否则输出"××考得一般"。

USE   XSCJ

DECLARE   @ sno   char（6）sname   char（8）

SET   @ sno = '020101'

IF（SELECT   AVG（成绩） FROM   XS_KC   WHERE   学号=@sno） >85

BEGIN

SELECT   @ sname =姓名 FROM   XSQK   WHERE   学号=@ sno

PRINT   @ aname+ '考出了高分'

END

ELSE

PRINT   @ sname+ '考得一般'

实验 10 使用触发器实现数据完整性

【实验目的】

（1）掌握用触发器实现域完整性的方法。

（2）掌握用触发器实现参照完整性的方法。

（3）掌握触发器与约束的不同。

【实验环境】

SQL Server 2005。

【实验重点及难点】

（1）启动 SQL Server 2005 查询编辑器。

（2）为表建立一个触发器，实现域完整性，并激活触发器进行验证。

（3）为表建立一个能级联更新的触发器，实现参照完整性，并激活触发器进行验证。

（4）比较约束与触发器的执行顺序。

【实验内容】

1. 实现域完整性

（1）打开"SQL Server Management Studio"窗口。

（2）单击"标准"工具栏的"新建查询"按钮，打开"查询编辑器"窗口。

（3）在"SQL 编辑器"工具栏选择可用数据库，如"XSCJ"。

（4）在窗口内直接输入以下 CREATE TRIGGER 语句，创建触发器。

为 KC 表创建一个 INSERT 触发器，当插入的新行中开课学期的值不是 1~6 时，就激活该出发器，撤销该插入操作，并使用 RAISERROR 语句返回一个错误信息。

```
CREATE    TRIGGER tri_INSERT_KC ON KC
FOR INSERT
AS
DECLARE @开课学期  tinyint
SELECT @开课学期=KC.开课学期
FROM KC，Inserted
WHERE KC.课程号= Inserted.课程号
——如果新插入行的开课学期的值不是 1~6，则撤销插入，并给出错误信息。
IF @开课学期  NOT BETWEEN 1 AND 6
BEGIN
ROLLBACK    TRANSACTION
RAISERROR（'开课学期的取值只能是 1~6!'，16，10）
END
```

（5）单击"SQL 编辑器"工具栏的"分析"按钮，检查输入的 T-SQL 语句是否有语法错误。如果有语法错误，则进行修改，直到没有语法错误。

（6）确保无语法错误后，单击"SQL 编辑器"工具栏的"执行"按钮，完成触发器的创建。

（7）在左边的"对象资源管理器"中用鼠标右键单击目标"表"节点，如"KC"，弹出快捷菜单，选择"打开表"命令，打开表的数据记录窗口。

（8）在表中分别插入两行记录以激活该触发器，第一行的开课学期的值在 1~6，第二行的开课学期的值在 1～6 以外。

当插入第一行时，系统成功地接受了数据，无信息返回。而在插入第二行时，系统撤销该插入操作，拒绝接受非法数据，并返回错误信息，从而保证了域完整性。

2. 创建触发器

（1）在"查询编辑器"窗口内直接输入以下 CREATE TRIGGER 语句，创建触发器。

为 KC 表再创建一个 UPDATE 触发器，当更新了某门课程的课程号信息时，就激活该触发器级联更新 XS-KC 表中相关的课程号信息，并使用 PRINT 语句返回一个提示信息。

```
CREATE TRIGGER tri_UPDATE_KC   ON   KC
FOR   UPDATE
AS
IF   UPDATE（课程号）
——检测课程号列是否被更新
BEGIN
DECLARE   @原课程号 char（3），@新课程号  char（3）
——声明变量
——获取更新前后的课程号的值
SELECT @原课程号=Deleted.课程号，@新课程号=Inserted.课程号
FROM   Deleted，Inserted
WHERE Deleted，课程名=Inserted.课程名
PRINT '准备级联更新 XS_KC 表中的课程号信息…'
——级联更新 XS_KC 表中相关成绩记录的课程号信息
UPDATE XS_KC
SET   课程号=@新课程号
WHERE  课程号=@原课程号
PRINT '已经级联更新 XS_KC 表中原课程号'+@原课程号+'为'+@新课程号
END
```

（2）单击"SQL 编辑器"工具栏的"分析"按钮，检查输入的 T-SQL 语句是否有语法错误。如果有语法错误，则进行修改，直到没有语法错误。

（3）确保无语法错误后，单击"SQL 编辑器"工具栏的"执行"按钮，完成触发器的创建。

（4）在"查询编辑器"窗口内输入并执行以下 UPDATE 语句，修改 KC 表的课程号列，以激活触发器，级联修改 XS-KC 表中的课程号列，并返回提示信息，从而实现了参

照完整性。

UPDATE　KC

SET　课程号='115'

WHERE　课程名='计算机硬件基础'

3. 比较约束与触发器的执行顺序

（1）在"查询编辑器"窗口内输入并执行以下 ALTER TABLE 语句，为 KC 表添加一个约束，使得开课学期的值只能为 1~6。

ALTER TABLE KC

ADD CONSTRAINT CK_开课学期 CHECK（开课学期>=1　AND 开课学期<=6）

（2）在"查询编辑器"窗口内输入并执行以下 INSERT 语句。

INSERT KC（课程号，课程名，授课教师，开课学期，学时，学分）

VALUES（'120'，'软件开发案例'，'李学涛'，7，68，4）

从这部分实验中可以看到，约束优先于 FOR 或 AFTER 触发器起作用，它在更新前就生效，对要更新的值进行规则检查。当检查到与现有规则冲突时，系统给出错误消息，并取消更新操作。如果检查没有问题，更新被执行，再激活触发器。

实验 11　为用户设置权限

【实验目的】

（1）掌握在 SQL Server Management Stuido 里为用户添加或修改或修正权限的两种方法。

（2）掌握在"安全性"里设置用户权限的方法。

（3）掌握在数据库里设置用户权限的方法。

【实验环境】

SQL Server 2005。

【实验重点及难点】

（1）启动 SQL Server 2005 的对象资源管理器。

（2）在"安全性"里设置用户权限。

（3）在数据库里设置用户权限。

【实验内容】

1. 在"安全性"里设置用户权限

（1）打开"SQL Server Management Studio"的"对象资源管理器"窗口。

（2）选择"数据库实例名"→"安全性"→"登录名"选项，鼠标右键单击要修改权限的登录名，在弹出的快捷键菜单里选择"属性"选项。

（3）弹出"登录属性"对话框，在该对话框里选择"用户映射"选项。可以在添加登录名时，也可以在对话框里选择"用户映射"标签，进入选项卡。

（4）在该对话框里设置此登录账户可以访问哪些数据库。在"映射到此登录名的用户"区域里，显示该数据库服务器里所有的数据库名，选中数据库前的复选框，则表示此登录账户可以登录该数据库。

（5）在勾选数据库前的复选框之后，"数据库角色成员身份"区域里的"public"复选框会被自动勾选。在每个数据库中，所有用户都会是 public 角色的成员，并且不能被删除。

2. 在数据库里设置用户权限

（1）启动"SQL Server Management Stuido"，以 sa 用户或超级用户身份连上数据库实例。在"对象资源管理器"里选择"数据库实例名"→"Northwind"→"安全性"→"用户"。

（2）鼠标右键单击"userl"用户，在弹出的快捷菜单里选择"属性"选项，弹出"数据库用户"对话框，在该对话框里选择"安全对象"标签。

（3）弹出"安全对象"对话框，单击"添加"按钮，弹出"添加对象"对话框，在该对话框里可以选择希望查看的对象类型的选择对话框。

（4）弹出"选择对象"对话框，在该对话框里单击"对象类型"按钮。

（5）弹出"选择对象类型"对话框，在该对话框里可以选择数据库表里的相应对象类型，在本例中选择"表"复选框，然后单击"确定"按钮。

（6）单击"浏览"按钮。

实验 12　导入导出数据

【实验目的】

（1）了解数据的导入导出概念。

（2）掌握数据的导入导出方法。

（3）理解数据导入导出时数据类型的转换。

【实验环境】

SQL Server 2005。

【实验重点及难点】

（1）实现数据库之间数据的导入导出。

（2）实现不同数据源与目标源之间数据的传输。

【实验内容】

在 SQL Server 2005 中使用数据导入导出向导可以在不同的数据源和目标之间复制与转换数据。使用 SQL Server 2005 导入导出向导可以在 SQL Server 之间，或者 SQL Server 与 OLE DB、ODBC 数据源，甚至是 SQL Server 与文本文件之间进行数据的导入导出操作。

数据的导入是指从其他数据源里把数据复制到 SQL Server 数据库中；数据的导出是指从 SQL Sercer 数据库中把数据复制到其他数据源中。其他数据源可以是：同版本或旧版本的 SQL Server、Excel、Access、通过 OLE DB 或 ODBC 访问的数据源、纯文本文件等。

1. 导入数据

将 XSCJ 数据库里的所有数据表导入 TEST 数据库中。

（1）启动"SQL Server Management Studio"，连接上数据库实例，在"对象资源管理器"里选择"实例名"→"数据库"→"XSCJ"数据库。

（2）鼠标右键单击"XSCJ"数据库，选择"任务"→"导出数据"选项，弹出"欢迎使用 SQL Server 导入导出向导"对话框，在该对话框里单击"下一步"按钮。

（3）弹出"选择数据库"对话框，在该对话框中可以选择导出数据的数据库，在本例中选择 XSCJ 数据库。

在"数据源"下拉列表里选择"SQL Native Client"选项；在"服务器名称"下拉列表里选择数据库所在的服务器名，也可以直接输入；在"身份验证"区域里设置正确的身份验证信息；在"数据库"下拉列表里可以选择要导出数据的数据库名，在此以 XSCJ 数据库为例。设置完成单击"下一步"按钮。

（4）弹出"选择目标"对话框，该对话框用来设置接收数据目标。在本例中选择 TEST，然后单击"下一步"按钮。

（5）弹出"指定表复制或查询"对话框，在该对话框里设置用何种方式来指定传输的数据，可以选项有两种：一种是"复制一个或多个表或视图的数据"，如果选择该项，则接下来的操作是选择一个或多个数据表或视图，并将其中数据导入目标源中；另一种是"编写查询以指定要传输的数据"，如果选择该项，则接下来的操作是输入一个 T-SQL 查询语句，SQL Server 导入导出向导会执行这个查询语句，然后将结果导出到目标源中。在本例中选择"复制一个或多个表或视图的数据"单选项，然后单击"下一步"按钮。

（6）弹出"选择源表或源视图"对话框，在该对话框中可以选择要导出的数据表或视图，可以选择一个或多个。

（7）类型设置完成后，单击"确定"按钮，弹出"保存并执行包"对话框，在该对话框里可以选择是立即执行导入导出操作，还是将前面步骤的设置保存为 SSIS 包，以便日后操作使用。

（8）弹出"完成该向导"对话框，单击"完成"按钮。

2. 导出数据

SQL Server 导入导出可以在不同的数据库之间进行数据的导入导出，下面将 XSCJ 数据库中 KC 表里的数据导出到 Excel 中。

（1）启动"SQL Server Management Studio"，连接上数据库实例，在"对象资源管理器"里选择"实例名"→"数据库"→"XSCJ"数据库。

（2）鼠标右键单击"XSCJ"数据库，选择"任务"→"导出数据"选项，弹出"欢迎使用 SQL Server 导入导出向导"对话框，在该对话框里单击"下一步"按钮。弹出"选择数据源"对话框，在该对话框中可以选择导出数据的数据源，在本实验中，选择 XSCJ 数据库，单击"下一步"按钮。

（3）在"选择目标"对话框中，在"目标"下拉列表框里选择"Microsoft Excel"选项，在"Excel 文件路径"文本框里输入要保存的 Excel 文件位置及文件名，单击"下一步"按钮。

（4）弹出"指定表复制或查询"对话框，单击"下一步"按钮。

（5）在"选择源表和源视图"对话框中选择要导出的表，单击"下一步"按钮。

（6）弹出"保存并执行包"对话框，单击"下一步"按钮，出现"完成该向导"对话框，单击"完成"按钮。

（7）在"正在执行操作……"对话框中单击"关闭"按钮。

参 考 文 献

何玉洁. 2015. 数据库系统教程[M]. 2版. 北京：人民邮电出版社.

雷景生. 2016. 数据库原理及应用[M]. 北京：清华大学出版社.

李楠楠. 2015. 数据库原理及应用[M]. 北京：科学出版社.

罗蓉. 2015. 数据库原理及应用（SQL Server）[M]. 北京：清华大学出版社.

潘华，项同德. 2016. 数据仓库与数据挖掘原理、工具及应用[M]. 北京：中国电力出版社.

王庆喜，赵浩婕. 2016. MySQL数据库应用教程[M]. 北京：中国铁道出版社.

王珊，萨师煊. 2015. 数据库系统概论[M]. 5版. 北京：高等教育出版社.